KB233165

굿모닝 미얀마

그 일상 속으로 들어가다

굿모닝 미얀마
그 일상 속으로 들어가다

펴 낸 날 2018년 4월 20일

지 은 이 박준한
펴 낸 이 최지숙
편집주간 이기성
편집팀장 이윤숙
기획편집 최유윤, 이민선
표지디자인 최유윤
책임마케팅 임용섭
펴 낸 곳 도서출판 생각나눔
출판등록 제 2008-000008호
주   소 서울 마포구 동교로 18길 41, 한경빌딩 2층
전   화 02-325-5100
팩   스 02-325-5101
홈페이지 www.생각나눔.kr
이 메 일 bookmain@think-book.com

• 책값은 표지 뒷면에 표기되어 있습니다.
  ISBN 978-89-6489-841-3 03810

• 이 도서의 국립중앙도서관 출판 시 도서목록(CIP)은 서지정보유통지원시스템 홈페이지
  (http://seoji.nl.go.kr)와 국가자료공동목록시스템(http://www.nl.go.kr/kolisnet)에서
  이용하실 수 있습니다(CIP제어번호: CIP2018010026).

굿모닝 미얀마

그 일상 속으로 들어가다

목차

Myanmar

들어가면서

쉽게 이해하기 어려운 나라

🌲 아무리 세계가 많이 변한다고 한들 우리가 바꿀 수 있는 부분은 극히 한정돼 있으며, 또 자연은 그렇게 호락호락하게 인간이 원하는 방향으로 흘러가 주는 것도 아니다. 익히 알고 있는 선진국이라 불리는 나라들도 구석구석 들여다보면 아직까지 사람의 손때가 묻지 않은 청정한 지역이 제법 있다. 한편, 아무리 개발이 되지 않은 나라라고 해도 사람이 모여 사는 곳은 선진국이라 불리는 나라의 도시들 못지않게 개발이 된 곳도 분명 있다.

우리나라 역시 수도권만 벗어나더라도 금방 인적이 드문 농촌을 마주할 수 있다. 그리고 북한과의 대치라는 특수한 상황 때문에 70여 년 가까이 자연 그대로의 모습을 유지하고 있는 곳, 세계 어디에서도 찾아보기 힘든 비무장지대(DMZ)도 있다. 변화와 무관한 곳들도 수없이 존재함에도 우리나라를 급변하고 있는 사회라고 언급하는 까닭은 많은 곳에서 눈에 띌 정도로 큰 변화를 겪고 있기 때문이다.

한편, 미얀마는 2005년까지 수도였던 양곤을 벗어나면 10년 전이나 지금이나 변화의 모습을 거의 찾아보기가 힘들다고 한다. 물론, 양곤이라고 하더라도 도심 일부 지역에서나 도시의 모습을 갖출 뿐 외곽으로 나가보면 다른 지역과 별반 다를 것이 없어 보인다. 아니, 어쩌면 서울 도심에 서 있는 듯한 양곤 도심부가 미얀마에서는 특이하게 보일지도 모르겠다.

🦋 그림 1. 1. 양곤 외곽의 모습

미얀마는 우리나라에 맞먹을 정도로 훌륭한 지리적인 이점이 있는 곳이다. 세계 인구 1, 2위인 중국과 인도의 중간에 자리 잡고 있으며, 큰 바다까지 넓은 지역에 걸쳐서 자리잡고 있다. 그래서 무언가 생산만 해낸다면 엄청난 수요시장에 그 어떤 나라보다도 빨리 수출하기 쉬운 지리적인 이점이 있다. 거기에 우리나라에 없는 천연자원이 상당히 풍부하고, 보석과 같은 귀금속도 상당량 매장되어 있다. 그런 이유에서 수십 년 전부터 발전 가능성이 크다고 세계적으로 주목받아온 나라 중 하나다.

그런데 아시아 4대 용이라 불리는 우리나라, 대만, 싱가포르, 홍콩의 발전과정과 비교해 본다면 여전히 미얀마가 발전의 가능성이 있는지에 대해 의문이 드는 것은 사실이다. 이들은 과연 변화를 싫어해서 바뀌지 않은 것일까? 아니면 기존의 것을 억척같이 유지하기 위해서 바뀌지 않은 것일까? 70~80대 어르신들, 아니 농촌이 고향인 50~60대 어른들이 미얀마에 여행 오셨을 때 보통 하시는 말씀이 있다고 한다.

"여기 예전 내 어릴 적의 모습과 똑같네."

그림 1. 2. 미얀마 가옥

2차 세계대전 이후로 비슷한 시기에 독립을 일구었고, 오랫동안 군부 독재도 경험한 우리나라와 미얀마. 그런데 우리나라는 이제 선진국 반열에 올라섰다고 자부할 만큼 큰 변화를 이룩한 반면, 미얀마는 여전히 1950~1960년대의 모습에서 벗어나지 못하고 있다. 우리는 이런 미얀마의 모습을 보면서 우리나라가 얼마나 급격한 변화가 있었는지 몸소 느낄 수 있다.

물론, 이렇게 정체된 미얀마가 나쁘고, 변화가 급격히 있어온 우리나라가 좋다고 말할 수 있는 것은 아니다. 하지만 한 치 앞을 내다볼 수 없을 정도로 급변하고 있는 세계적인 추세로 봤을 때 과연 이렇게 지속해서 정체된 모습이 바람직하냐는 의문을 가지지 않을 수 없다.

외국인의 입장에서 바라본 미얀마는 참 알다가도 모를 나라다. 이렇게 변화가 없이 몇십 년을 같은 모습을 그대로 보여주고 있음에도 쉽게 이해가 가지 않는 부분이 많다. 전 세계적으로도 보기 드문 인구의 90% 가까이가 불교 신자라는 점, 그런 불교의 영향으로 생활 깊숙이 기부 문화가 몸에 배어 기부금 수준은 세계에서 가장 잘 산다는 미국에 버금간다는 점.

그런데도 양보라는 것은 눈곱만큼도 찾아볼 수 없는 운전 행태, 다혈질적인 성격과 온순한 성격을 모두 가지고 있는 이중적인 성격, 이미 했다고 해놓고는 직접 확인해보면 그때서야 하겠다고 하는 행동들, 현지인들은 공짜 아니면 아주 적은 금액에 입장이 가능하지만, 외국인들은 현지인이 지급하는 비용의 최대 10배 이상

거금의 입장료를 내야 하는 관광지, 이것이 아마도 외국인들이 미얀마에 쉽게 적응하기 힘든 요인이 되지 않았나 생각해본다.

더불어서 끊임없이 변화를 주창하면서도 속내는 현상유지를 추구하는 듯한 모호한 정책은 미얀마에서 사업을 하는 많은 외국인들에게 큰 부담으로 다가온다. 불과 몇 년 만에 급격히 오른 최저임금, 하지만 그에 비해 노동의 수준은 그만큼 따라오지 못하는 점도 외국 회사들이 미얀마에 투자를 망설이는 원인 중 하나일 것이다. 그리고 또 언제 오를지 가늠조차 하기 힘든 최저임금은 지금도 미얀마 외국인 사회의 큰 골칫거리 중 하나다.

과연 이들이 말하는 변화란 어떤 것을 의미하는 것일까? 단순히 시대 흐름을 따라 물 흐르듯 알게 모르게 바뀌는 것만을 변화라고 생각하고 있는 것일까? 왜 우리는 그들을 이해하려고 해도 잘 이해가 되지 않을까? 그 어떤 말로도 정의하기 힘든 미얀마에 대해서 인터넷에서 검색이 가능한 상식적인 내용은 가급적 배제하려고 했다. 단지, 있는 그대로의 모습을 최대한 가감 없이 담되, 사실관계가 불명확한 내용이라고 생각되는 부분과 글을 이어나가기 위해서 꼭 필요한 부분에 한해서 인터넷 검색 등을 참조하였다.

2

지리적인 이점을 가진 미얀마

　　🌲　미얀마는 앞서 언급한 대로 큰 대륙과 큰 바다를 모두 접하고 있는 지리적인 요충 국가다. 나라가 남북으로 길게 이어져 있어서 남쪽과 북쪽의 자연환경이 거의 다르다는 것도 이 나라가 가지는 매력이라고 할 수 있다. 남쪽은 산은커녕 언덕조차 보기 힘든 데다가 날씨도 상당히 덥다. 그리고 강이 넓게 펼쳐져 있어 물도 상대적으로 풍부한 편이다.

　반면에, 북쪽의 경우 히말라야산맥의 줄기가 뻗어져 나와 있어서 3,000m가 넘어가는 산도 제법 있다. 이곳에는 더운 나라라는 미얀마의 인식을 비웃기라도 하듯 만년설도 있다. 눈을 볼 수 없을 것 같은 미얀마에서 눈을 구경한다는 것은 참으로 흥미로운 일이 아닌가 싶다.

　아프리카 대륙의 최고봉인 킬리만자로가 유명한 이유가 적도 부근에 위치하지만, 만년설이 있기 때문이다. 잘 알려지지 않아서 그렇지 미얀마도 홍보만 잘하면, 아니 왕래가 편리하도록 인프라를 잘 구축해놓는다면 자연스럽게 세계적으로 관심을 받을 수 있는 나라가 아닌가 싶다. 그 정도로 미얀마는 베일에 가려져 있다고 봐도 무방하다. 양파는 까도 까도 계속 깔 수 있는데, 미얀마도 그에 버금갈 정도로 알아내고 또 알아내도 더 알아낼 것들로 가득한 나라 같다.

이처럼 미얀마는 남쪽과 북쪽의 환경이 많이 달라서 자국 내에서도 얼마든지 또 다른 세계를 느낄 기회가 충분하다. 우리나라 사람들이 해외여행을 하는 이유 중 하나가 우리나라와 다른 환경을 느끼고 싶어서일 것이다. 그런데 국내 여행으로도 충분히 그런 욕구를 만족시켜 줄 수 있다면 굳이 일부러 시간을 내고 비싼 돈 들여가면서 말도 통하지 않는 외국에 나가 고생할 필요까지는 없을 것이다. 이런 관점에서도 미얀마의 지리적인 이점은 관광 정책에도 충분히 영향을 끼칠 수 있다.

한편, 미얀마는 서쪽으로 인도와 방글라데시, 동북쪽으로 중국, 동남쪽으로 태국과 라오스를 끼고 있는 국경선이 상당히 복잡한 나라다. 국경을 접한 나라가 많다는 것은 그만큼 외교적인 마찰을 빚을 가능성도 큼을 의미한다.

🍂 그림 2. 1. 미얀마 주변 지도[1]

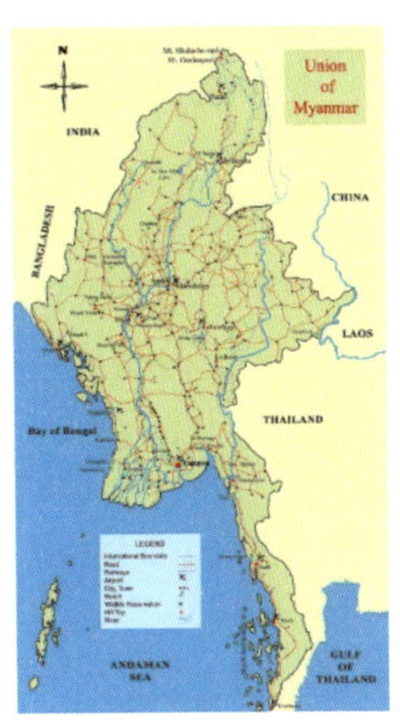

그림 2. 2. 미얀마 국가 지도[2]

그러나 또 다른 면으로 보면 그만큼 육로를 이용해서 무역하기도 쉽다. 물론, 관광객 유치도 상대적으로 쉽게 접근할 수 있다. 섬나라 같은 경우 육로교통으로 외국을 다니는 것이 거의 불가능하지만, 미얀마와 같이 여러 국가가 접해있는 나라라면 육로교통을 주요 운송수단으로 활용할 수 있다. 사실 비행기를 타고 다니려면 절차가 복잡하고 기후의 영향도 많이 받기 때문에 번거로운 점이 한두 가지가 아니다. 그러나 버스나 기차를 타고 다닌다면 시간은 좀 오래 걸릴지라도 누구나 이동하는 데 큰 무리가 따르지 않는다.

일례로 유럽 국가들이 오래전부터 상호 간에 왕래가 잦았던 것도 육로교통이 한몫했다고 볼 수 있다. 반면, 인도네시아나 필리핀같이 섬나라의 경우 자국 내에서도 이동이 워낙 불편하기 때문

---

1 출처: 구글 지도(https://www.google.com)

2 출처: https://epthai.com/myatran/20352

에 같은 나라지만 이질감을 느끼거나 언어가 다른 경우도 종종 볼 수 있다. 우리나라도 분단으로 인해 섬 아닌 섬나라가 되었다. 그 결과 해외로 나갈 수 있는 육로교통 수단이 차단되어 버려서 해외를 가볍게 나간다는 게 쉽지가 않게 되었다.

미얀마에도 우리나라의 경부 고속도로와 같은 대동맥 도로가 있긴 하다. 바로 양곤에서 미얀마의 수도 네피도를 거쳐 제2도시인 만달레이까지 이어지는 약 700km에 달하는 고속도로. 그런데 하루종일 차량으로 몸살을 앓는 경부 고속도로와 달리 양곤-만달레이 간 고속도로는 생각만큼 차들이 그렇게 많지는 않다. 만약 이 도로가 미얀마의 중추적인 역할을 해서 지금보다 이용 차량이 많아지고 경부 고속도로와 마찬가지로, 이 고속도로에서 거미줄처럼 뻗어 나가는 도로들이 하나둘 생겨나기 시작한다면 국가적으로 막혀있던 혈을 뚫어 원활한 왕래가 이루어지지 않을까 조심스럽게 예측해본다.

육로교통을 잘 활용하게 된다면 양곤에 과밀화된 인구의 분산도 원활하게 이루어질 것이다. 현재 양곤은 서울보다 더 심각한 교통체증으로 시간을 가리지 않고 단 5km를 원활하게 움직이는 것조차 힘들 지경이다. 그리고 매연이 심한 중고차들이 차량의 80~90%를 차지하고 있어서 점차 환경문제도 심각하게 받아들여질 날이 얼마 남지 않았다. 그런데 거의 공터나 다름없는 지방을 개발하게 되어 적절한 분산이 이루어지게 된다면 교통체증 또한 완화될 것으로 생각된다. 그러기 위해서는 양곤-만달레이 간 고속도로에 버금가는 큰 도로나 고속철도와 같은 간선철도를 기반으로 하는 대중교통수단이 무엇보다도 급히 추진되어야 할 사안들이다.

육로교통의 발전은 인구뿐만 아니라 바다가 아닌, 강을 끼고 있는 양곤항에서 벗어나게 할 수 있다. 지금 양곤에 들어오는 배들은 반드시 싱가포르 등 제3국에서 작은 크기의 배로 화물을 나누어서 실어야 하는 불편함이 있다. 양곤강의 수심이 큰 배가 통행할 수 있을 정도로 그렇게 깊지 않기 때문에 발생하는 문제다. 이는 선적을 두 번 하는 시간적인 낭비와 거기에 동원되어야 하는 인력의 낭비, 그리고 싱가포르 등 제3국에 정박하는 추가비용까지 삼중고를 겪을 수밖에 없다. 그런데 큰 배들도 원활하게 출입이 가능한 바다 근처로 항구를 크게 건설하게 되면 물류 흐름에도 큰 변화가 일어날 수 있게 된다. 당연히 무역에도 큰 변화가 있을 것이다.

미얀마인들도 양곤항 사용이 불편하다는 것을 알면서도 다른 항구를 건설해서 이용하려고 하지 못하는 이유는 물론 건설비용과 같은 돈 문제도 있겠지만, 기존에 있는 육로교통이 워낙 불편해서 항구까지 가는 시간이나 비용이 싱가포르 등에서 환승하는 시간이나 비용보다 더 부담이 가기 때문은 아닐까? 미얀마가 지리적인 이점을 잘 살리기 위해서는 나라 내부를 혈관처럼 이어줄 수단이 필요하다. 그것이야말로 지리적인 이점을 잘 살리는 길이 될 것이다.

　이와 관련해서 새롭게 정권교체를 이룬 민주 정부가 얼마나 빠른 시일 내에 인프라를 구축하는가에 따라서 지리적인 이점을 잘 살릴 수 있는지 없는지 판단이 가능할 것 같다. 구슬이 서 말이라도 꿰어야 보배라는 속담이 바로 이 상황에 가장 적절한 표현이라는 생각이 든다.

3

한국인의 눈으로 본 한국과 미얀마의 다양한 비교

🌲 미얀마는 1983년 한글날(10월 9일)에 있었던 아웅산 묘소 테러 사건으로 우리에게 널리 알려진 나라다. 미얀마라는 이름보다는 당시 사용했던 버마라는 이름이 더 익숙하게 들리는 것도 이런 역사적인 영향 때문이 아닌가 싶다.

아웅산 묘소 테러 사건은 당시 대통령인 전두환 대통령을 암살하기 위해 조직된 북한의 무장공비로 인해 서석준 부총리 외 한국인 16명과 미얀마인 4명 등 총 21명이 순직한 끔찍한 테러 사건이다. 그 사건이 바로 미얀마에서 발생한 것이다. 외교적으로 상당히 손실이 컸던 사건이었기에 지금도 회자되는 것은 당연한 것일지도 모르겠다.

하지만 40여 년 이상 된 이 사건 이후에는 지금까지 인상에 남을 만한 교류가 없었던 것은 아닌가 하는 생각이 든다. 사실 지리

적으로도 약 3,600km 정도 떨어진 두 나라가 잦은 교류를 하기
란 쉽지는 않다. 그래서 우리나라와 미얀마는 상당히 대비되는 부
분들이 많다. 그럼에도 의외로 비슷한 점도 많이 찾아볼 수 있다
는 것도 흥미로운 점이다. 이번 장에서는 우리나라와 미얀마 간
비슷하게 느껴지는 것에 대해서 살펴보고자 한다.

① 기후

　미얀마는 저위도에 위치한 국가라서 열대성 기후에 속한다. 우리가 익히 알고 있는 아주 무더운 기후가 바로 이곳 날씨다. 계절도 우리와 달리 3개가 있는데, 약 4개월 단위로 건기와 우기, 그리고 겨울로 구분한다. 시기적으로는 10월부터 1월까지가 겨울로, 비도 내리지 않는 데다가 우리나라만큼은 아니더라도 꽤 선선한 날씨가 이어지기 때문에 관광하기에는 가장 적절한 계절이다. 2월부터 5월 사이가 건기에 해당하는 계절로 미얀마에서 가장 더운 시기다. 건기라는 말 그대로 역시 비가 내리지 않는 계절이다. 5월 말부터 비가 본격적으로 내리기 시작해서 10월까지 우기가 지속되는데, 이때는 비가 언제 내릴지 가늠하기 어려울 정도로 국지성 호우가 이어진다.

　물론, 우기라고 해서 온종일 비만 내리는 것은 아니다. 건기 못지않게 강한 햇살이 피부를 자극하는 시기도 있으며, 해가 떠 있는 상황에서도 비가 세차게 내리는 등 우리나라에서는 보기 힘든 날씨를 이곳에서 경험할 수 있다. 사실 미얀마에서도 건기와 우기는 확실히 구별이 되지만, 건기 중에서도 겨울을 따로 구분하기란 쉬운 것이 아니다. 이는 마치 우리나라의 봄과 가을을 구분하는 것처럼 말이다.

　조금 의아할 수 있는 부분은 우리나라의 가장 더운 계절인 7, 8월은 오히려 미얀마의 평균 기온보다 더 높다는 점이다. 위도에 따라서 온도가 비례한다기보다는 어떤 날씨가 이어지느냐에 따라서 온도가 달라진다는 것을 알 수 있는 대목이다. 흔히 저위도 지방에 있으면 덥다고 하지만 그것은 일종의 편견과 같은 것이다.

미얀마가 건기와 우기가 뚜렷한 까닭을 추측해보면 히말라야라는 큰 산맥이 북쪽에 자리하고 있는 것과 인도양이라는 큰 바다가 남쪽에 자리하고 있기 때문으로 여겨진다. 우리나라도 계절에 따라 바람의 방향이 달라져서 여름에는 남쪽에서 북쪽으로 바람이 불고, 겨울에는 북쪽에서 남쪽으로 불게 되는데, 미얀마도 같은 이치가 아닌가 싶다. 북쪽에서 불어오는 바람은 대륙에서 불어오는 데다가 거대한 산맥이 가로막고 있어서 항상 건조할 수밖에 없고, 남쪽에서 불어오는 바람은 바다에서 불어오기 때문에 충분히 수증기를 내포하고 있다 보니 습할 수밖에 없다.

미얀마도 우리나라의 태풍과 같은 사이클론이 존재한다. 그래서 간혹 건기임에도 비를 맞을 수 있는 날들이 있다. 2017년 4월이 그런 경우에 속했는데, 오랜 기간 비가 내리지 않은 상태였기에 사이클론이 왔음에도 땅이 금방 마르는 것을 느낄 수 있었다. 그러나 우기 중에 사이클론이 온다면 저지대나 바다 가까이 있는 지역은 바로 침수가 되어 몇 개월이 지나도 물이 빠지지 않는 경우가 다반사라고 한다. 이는 미얀마의 지형이 네덜란드와 마찬가지로 해수면보다 낮은 지대가 많기 때문이기도 하다.

② 달력

미얀마의 달력을 보면 우리나라와 약간의 유사성을 찾을 수 있다. 우리나라는 세계 공통으로 사용하고 있는 양력 표기가 기본에 우리나라에서 별도로 사용하고 있는 음력 표기가 작게나마 표기된 것을 볼 수 있다. 미얀마의 달력을 보면 우리나라 못지않게 달력에 표기된 정보들이 많은데, 바로 이 나라에서 사용하는 고유의 달력이 있기 때문이다. 음력 표기는 달의 움직임에 맞춰서 표기한 것으로 농경사회의 유산이라고 할 수 있다. 미얀마에서도 우리와는 조금 다르지만, 달의 움직임을 달력에 표기한 것을 볼 수 있다.

그림 3. 1.에서 보는 것과 같이 12일과 27일에 달 모양이 표시된 것을 볼 수 있다. 이달 표시를 기준으로 15일이 지나면 색이 다른 달이 지도에 표시되는데, 간혹 14일째 되는 날에 달이 표시되는 경우도 있다. 이는 달의 공전 주기인 약 29.53일에 맞춘 것으로 보인다. 우리나라의 음력 또한 29일과 30일을 번갈아 사용하는 것도 이런 이유에서라고 한다. 빨간색으로 표기된 달의 모양은 보름달이며 검은색으로 표기된 달의 모양은 그 반대인 그믐달이 된

그림 3. 1. 숫자 옆에 달이 표기된 미얀마 달력

다. 2017년 우리나라의 추석이 양력으로 10월 4일이었는데, 미얀마의 보름달 출현은 10월 5일인 것을 봐서 지역에 따라 보름달이 보이는 시기도 약간의 차이가 있음을 알 수 있다.

 그리고 미얀마 달력의 특징이라고 할 수 있는 것 중 하나는 바로 미얀마식 고유 숫자 표기를 병기하고 있다는 것이다. 물론, 미얀마식 숫자의 경우 미얀마 음력에 맞춰서 표기한 것이라 양력 달력의 날과는 차이가 있다. 앞서 언급한 대로 15일과 14일이 번갈아서 등장하기 때문에 미얀마식 숫자에서는 16 이상되는 숫자를 달력에서 볼 수 없다.

아라비아식	0	1	2	3	4	5	6	7	8	9
미얀마식	၀	၁	၂	၃	၄	၅	၆	၇	၈	၉

🍂 표 3. 1. 숫자의 비교

 세계 대부분 국가에서 아라비아 숫자를 통용하고 있지만, 미얀마에서는 그 아라비아 숫자를 읽지 못하는 인구도 꽤 있다는 사실은 처음 접했을 때 상당히 놀라웠다. 지금은 미얀마에 외국인들이 많이 유입되고 젊은 층에서 아라비아 숫자를 사용하는 빈도가 높아지면서 표기에서도 아라비아 숫자를 많이 볼 수 있게 되었다. 하지만 불과 몇 년 전만 하더라도 대부분의 공문서를 비롯해 버스 노선번호나 열차 시각표, 나아가 전화번호까지 미얀마 고유의 숫자 표기를 더 많이 볼 수 있었다.

또 눈여겨 보이는 것 중 하나는 30일이나 31일 등 여섯 번째 줄로 넘어가는 날짜를 표기하는 방법이다.

그림 3. 2. 고유 숫자가 병기된 미얀마 달력

그림 3. 3. 30, 31일이 위쪽에 표기된 미얀마 달력

우리나라의 경우 일반적으로 달력에 여섯 번째 줄로 넘어가는 날이 있을 때 그 윗줄에 있는 날짜(23일, 24일에 해당)에 겹쳐 쓰는 형태로 표기를 한다. 이는 앞으로 올 날이 지나간 날보다 아래에 위치한다는, 보이지 않는 규칙이 작용한 것이 아닌가 생각이 든다. 그런데 미얀마 달력은 그런 틀에서 벗어나 왼쪽 위에 표기하면서 모든 날짜는 다 같은 크기로 만든다는, 이 나라만의 규칙이 있는 것으로 보인다. 그래서 처음 미얀마 달력을 볼 때 30이나 31을 좌측 상단에서 보게 되면 이전 달의 날이 아닌가 하는 착각도 할 수 있다.

한편, 미얀마의 새해는 1월이 아니라 4월이다. 우리나라에서 서기 2017년을 단기 4350년으로도 표기하듯 미얀마에서도 2017년을 미얀마식 연도인 1378~1379년으로도 표기한다. 그런데 달력을 잘 보면 3월과 4월의 연도가 서로 다른 것을 알 수 있는데, 그것은 4월부터 새로운 한 해가 시작된다는 것을 보여주는 표시라고 할 수 있다.

미얀마에서는 또 다른 방법의 달력 읽는 방법이 있는데, 영어 발음을 미얀마식 표기에 맞춰 표기한 월을 볼 수 있다. 즉, 1월의 경우 영어가 January라고 표기하는 것에 맞춰 미얀마 문자로 'ဇန်နဝါရီလ(January)'라고 표기하는 것도 달력에서 확인할 수 있다. 최근에는 이 영어식 표기와 발음이 젊은 층을 중심으로 기존의 글보다 더 익숙하게 사용되고 있어서 미얀마식 표기가 점차 소멸할 위기에 봉착했다.

구분	미얀마식 표기	영어 발음대로 표기
4월(미얀마 달력의 1월)	တန်ခူးလ	ပြီးလ
5월(미얀마 달력의 2월)	ကဆုန်လ	မေလ
6월(미얀마 달력의 3월)	နယုန်လ	ဇွန်လ
7월(미얀마 달력의 4월)	ဝါဆိုလ	ဂျူလိုင်လ
8월(미얀마 달력의 5월)	ဝါခေါင်လ	သြဂုတ်လ
9월(미얀마 달력의 6월)	တော်သလင်းလ	စက်တင်ဘာလ
10월(미얀마 달력의 7월)	သတင်းကျွတ်လ	အောက်ထိုဘာလ
11월(미얀마 달력의 8월)	တန်ဆောင်မုန်းလ	နိုဝင်ဘာလ
12월(미얀마 달력의 9월)	နတ်တော်လ	ဒီဇင်တော်လ
다음해 1월(미얀마 달력의 10월)	ပြာသိုလ	ဇန်နဝါရီလ
다음해 2월(미얀마 달력의 11월)	တပို.တွဲလ	ဖေဖော်ဝါရီလ
다음해 3월(미얀마 달력의 12월)	တပေါင်းလ	မတ်လ

표 3. 2. 미얀마의 달력 표기

　　미얀마 달력 중 의아했던 것 중 하나가 바로 크리스마스 공휴일 지정이다. 불교 신자가 90% 가까이 되는 미얀마에서 기독교나 천주교의 가장 큰 행사인 크리스마스를 공휴일로 지정해놓은 것이다. 이것이 왜 의외로 받아들여졌냐면 동일한 불교 행사인 석가탄신일에 대한 공휴일은 따로 지정해놓지 않았기 때문이다. 우리나라의 경우 양쪽의 탄신일을 모두 공휴일로 지정해서 행사를 진행하는 것을 보면 비교가 가능할 것 같다. 또 다른 의미에서는 미

얀마가 불교 외에는 철저히 배척해왔기 때문에 불교 신자 비율이
그렇게 높지 않았나 하는 생각이 잘못된 것임을 알 수 있었던 날
이었다.

③ 이름

　어떤 것이 되었든 간에 공통적으로 붙는 것이 있으니 바로 이름
이다. 물건이 되었든, 보이지 않는 것이 되었든 그것은 관계가 없
다. 이름은 상호 간의 약속에 의해 불리는 하나의 법칙으로 작용
하기도 한다. 그리고 우리는 어떠한 의심도 없이 그렇게 부른다.
그것이 이름이 가져다주는 의미가 아닌가 싶다.

　사람도 누구든지 이름을 가지고 있다. 나라마다 사용하는 언어
마다 다르긴 하지만, 가장 좋은 의미를 붙여주고 싶은 것은 다 똑
같은 마음일 것이다. 그래서 이름에는 긍정적이고 밝은 이미지의
단어들이 가득하다.

　우리나라의 이름에는 성과 이름 두 분류로 나눌 수 있다. 한자를
사용하는 중화 문화권의 경우 가족을 중시하기 때문에 이름에 들어
가는 공통된 단어인 성(姓)이 먼저 나온 뒤 이름이 나오는 구조다.

　한편, 영어권의 경우 개개인을 중시하기 때문인지 이름이 먼저
나온 후 끝에 성이 나오는 구조다. 대부분의 나라가 성과 이름이
있기 때문에, 그런 측면에서 여권에 기입하는 이름이나 공항 출입
국 사무소에서 신고서를 작성할 때도 반드시 성과 이름이 따로 구
분되어 있는 것을 볼 수 있다.

　하지만 미얀마에서 이름이 반드시 성과 이름으로 구성되어야 한
다고 생각했던 편견이 깨졌다. 왜냐하면, 미얀마의 이름에는 성
이 없기 때문이다. 즉, 가족을 대표하는 글자가 이름에 포함되어
있지 않은 것이다. 그래서 미얀마는 가족이라고 해도 모두 이름이

다른 경우를 쉽게 볼 수 있다.

우리나라 사람이라면 미얀마 이름에 대해서 이해하기 어려울 것이다. 우리나라 이름은 성뿐만 아니라 이름에도 항렬이라는 것이 있어서 이름의 첫 글자나 마지막 글자가 같은 형제들도 많이 볼 수 있기 때문이다. 심지어 사촌까지도 이름이 두 글자까지 겹치는 경우도 제법 있다. 대부분의 한국 사람의 이름이 세 글자로 이루어진 것을 고려하면 절반 이상이 동일한 글자로 이름이 구성된 것을 알 수 있다. 그래서 전혀 겹치는 글자가 없는 미얀마 이름이 생소하게 비칠 수 있다.

한편, 미얀마의 이름 체계는 독특한 규칙이 있다. 이름의 첫 번째 자음을 보면 그 사람이 무슨 요일에 태어났는지 알 수 있다. 미얀마는 우리와 똑같이 일주일을 사용하고 있지만, 특이하게 수요일만큼은 오전과 오후로 구분해서 엄밀히 일주일을 8개의 날로 구분하고 있다.

따라서 이름 첫 글자의 자음이 같다면 날짜와 무관하게 동일한 요일에 태어난 사람일 확률이 높음을 알 수 있는 대목이다. 한편 요일마다 요일을 대표하는 동물이 있는데, 이는 마치 우리나라에서 사용하고 있는 십이지신과 유사하다. 우리가 십이지신상에 기도하는 민간 풍습이 있듯이 미얀마 절인 파고다에 가면 동물상 또는 요일별로 모셔진 부처님께 기도하는 모습을 볼 수 있다.

이런 독특한 구조 때문에 미얀마 여성들은 결혼하더라도 이름이 바뀔 필요가 없다. 서양 사회를 비롯해서 우리 옆 나라인 일본도 결혼하면 여성이 남성의 성을 따라 개명을 하는데, 미얀마에는 '성'이라는 개념이 없기 때문에 당연히 원래 자신의 이름을 그대로 사용할 수 있다.

한편, 우리나라나 중국은 성이 있지만, 결혼을 해도 여성이 남성의 성을 따라가지 않는다. 그래서 원래 자신의 성과 이름을 평생 사용할 수 있다. 의미는 약간 다르지만, 어찌 되었건 간에 미얀마의 여성들과 우리나라의 여성들은 결혼 여부에 상관없이 자신의 이름에 변화가 없다는 것은 공통점이다.

단순히 사람을 부르기 위한 수단으로 생각될 수 있는 이름도 여러 각도로 살펴보면 그 나라의 문화까지 파악이 가능할 정도로 상당한 정보를 가지고 있음을 알 수 있다.

④ 언어와 문자

　미얀마에서 사용하는 말은 미얀마어다. 그런데 우리나라와 달리 미얀마는 수많은 민족이 모여서 만들어진 나라기 때문에 민족마다 고유 언어가 있다. 단일 민족으로 단일 언어를 사용하는 우리나라가 얼마나 편리한 나라인지 알고 싶으면 다민족 국가에, 서로 다른 언어를 가지고 있는 나라에 가보면 된다. 거기에 가장 부합하는 나라가 바로 미얀마다.

　비록 미얀마어라는 공통된 언어가 있지만, 미얀마인들끼리도 서로 말이 통하지 않을 경우가 허다하다. 그 정도로 같은 나라에서 같은 언어를 사용하면서 살고 있음에도 불구하고 의사소통에 불편함을 겪는 미얀마. 문자 또한 꽤 체계적으로 갖추고 있지만, 우리나라의 한글과 같이 모든 사람이 지역에 상관없이 같은 글자를 보고 같은 발음을 하는 것이 아니다. 그렇기에 문자를 배우더라도 단어나 지역에 따라서 발음을 다시 배워야 하는 경우도 상당히 많다.

　그렇다고 미얀마어가 우리보다 수준이 떨어지거나 체계가 없다고 보는 것은 아니다. 동남아시아 국가들 가운데서 자기 고유의 문자를 가지고 있는 나라는 손에 꼽힌다. 그 가운데 한 나라인 미얀마 문자는 처음 접할 때 상당한 충격을 받을지도 모르겠다. 왜냐하면, 대부분의 문자가 자세히 보지 않으면 같아 보일 정도로 비슷한 형태로 이루어져 있어서 글자가 아니라 하나의 그림을 보는 듯한 느낌을 받기 때문이다. 거기에 발음이 같은 단어들이 제법 있기 때문에 듣고 쓰는 것은 더 어렵게 느껴진다.

က (까)	ခ (카)	ဂ (가)	ဃ (가)	င (응아)
စ (싸)	ဆ (사)	ဇ (쟈)	ဈ (쟈)	ည (냐)
ဋ (따)	ဌ (타)	ဍ (다)	ဎ (다)	ဏ (나)
တ (따)	ထ (타)	ဒ (다)	ဓ (다)	န (나)
ပ (빠)	ဖ (파)	ဗ (바)	ဘ (바)	မ (마)
ယ (야)	ရ (야/라)	လ (라)	ဝ (와)	သ (따)
	ဟ (하)	ဠ (라)	အ (아)	

그런데 이 미얀마 문자는 우리 한글과 체계가 상당히 유사한 것을 알 수 있는데, 미얀마어도 자음과 모음이 결합해서 하나의 단어가 생성되기 때문이다. 모음만 가지고 발음을 할 수 없으며, 외국에는 없을 것 같은 받침도 미얀마 문자에는 존재한다. 세종대왕이 한글을 만들 때 참고했다는 이야기도 들은 적이 있을 정도로 미얀마 문자는 알면 알수록 상당히 체계적이다.

자음	모음	결합
က(까)	-ာ (아)	ကာ (까)
ထ (따)	ိ (이)	ထိ (띠)
ခ (카)	ု (우)	ခု (쿠)
သ (사)	ေ- (에이)	ေသ (세이)
မ (마)	-ဲ (에)	မဲ (메)
လ (라)	ေ-ာ (어)	လော (러)
န (나)	ို (오)	နို (노)
ပ (빠)	်- (안)	ပ် (빤)

  받침의 경우 없던 것을 새롭게 만들어서 사용한 것이 아니라 우리나라와 마찬가지로 자음을 활용해서 받침으로 사용하고 있다. 한글은 받침이 아래쪽에 있지만, 미얀마어는 받침이 우측에 있어서 받침이라는 것을 알리는 별도의 표시가 있을 뿐이다.

	က်	တ်	ပ်	န်	မ်	င်	ည်
အ	အက် (악/액)	အတ် (악)	အပ် (악)	အန် (안)	အမ် (안)	အင် (잉)	အည် (에/이/에이)
အိ		အိတ် (에잇)	အိပ် (에잇)	အိန် (에인)	အိမ် (에인)		
အု		အုတ် (오웃)	အုပ် (오웃)	အုန် (오운)	အုမ် (오운)		
အော	အောက် (아웃)					အောင် (아웅)	
အွ	အွက် (왓/왯)	အွတ် (웃)	အွပ် (웃)	အွန် (은/운)	အွမ် (으완/운)	အွင် (우윈)	
အို	အိုက် (아잇)					အိုင် (아잉)	

단지, 우리가 아주 어릴 때부터 지속해서 접해온 문자가 아니다 보니 생소하게 느껴질 뿐이다. 사실 한국인이 한국어가 아닌 외국어를 백지상태에서 배운다고 가정할 때, 같은 기간 영어를 배우는 것보다 미얀마어를 배우는 것이 언어를 더 빨리 익힐 수도 있을 것이다. 우선 어순이 우리말과 같은 데다가 부정표현이나 의문표현이 모두 동사의 형태변화를 통해 완성되기 때문이다.

평서문	동사 변형	부정문 및 의문문
အချိန်ရှိတယ်။	တယ်။ → လား။	အချိန်ရှိလား။
시간 있습니다.	습니다. → 습니까?	시간 있습니까?
အလုပ်များတယ်။	မ + V + ဘူး။	အလုပ်မများဘူး။
바쁩니다.	안 + V	안 바쁩니다.

표 3. 6. 미얀마의 부정표현과 의문표현 만드는 과정

성조가 없는 우리말과 달리 미얀마어에는 성조가 존재한다. 총 3개의 성조로 이루어져 있는데, 우리가 성조에 익숙하지 않기 때문에 발음이 어려울 수밖에 없다. 중국어 역시 성조가 있어서 우리가 아무리 발음을 잘한다고 하더라도 중국인이 이해를 못 하거나 알아듣지 못하는 경우가 발생한다. 미얀마어도 마찬가지다.

단, 중국어와 다른 점이 있다면 한자를 쓸 때는 성조를 따로 표시하지 않지만, 미얀마어는 글자를 쓸 때 모음에 성조를 표기한다는 점이다. 그래서 중국어의 한어 병음과 같은 보조적인 장치가 없어도 미얀마어를 익히는 데 큰 무리가 없다.

그래서 모국어 외에는 생전 접해본 적이 없이 처음 언어를 배운다는 가정하에 미얀마어가 다른 외국어보다 배우기가 쉽다고 할 수 있다. 물론 글을 쓰는 데는 성조까지 포함해야 해서 어려움이 있을 수밖에 없다. 그러나 언어라는 것이 쓰기보다 말하기에 비중이 더 높으므로 다른 외국어보다는 배우기가 쉽다고 한 것이다.

⑤ 대학교와 대학 교육

미얀마의 대학교는 영국 식민지의 영향으로 건물이 영국 분위기를 제법 느낄 수 있다. 미얀마 교육의 상징이라고 할 수 있는 양곤 대학교는 특히 더 그런 풍경을 마주할 수 있는데, 건물은 그렇지만 교육 방식이나 체계는 영국의 체계를 받아들이지 않은 것으로 보인다. 영국의 대학들은 3년제 대학이 많지만, 미얀마에는 3년제보다는 4년제 대학이 눈에 더 많이 띈다.

그 점에서 우리나라와 상당히 유사해 보이지만, 대학교 수업에 있어서는 차이가 좀 있다. 요즘 우리나라 대학도 시대에 동떨어진 상태로 사회에서 필요로 하는 것을 가르치기보다는 돈벌이가 될 만한 학문을 가르치고 있다는 비판을 받고 있다. 그런데 미얀

마 대학의 수업은 마치 고등학교를 다시 온 듯한 기분이 들 정도
로 주입식, 단순 암기식 교육만 남아있다.

우리나라 대학은 그래도 일부 수업에서는 토론도 하고 자기 생
각을 정리해서 발표하는 시간도 있고, 조별 과제 등을 통해 스스
로 생각해 볼 시간을 꽤 보장받고 있다. 그리고 서술형 시험들이
대부분이어서 자기 생각을 가감 없이 나열할 수 있다. 그러나 미
얀마에서 대학을 조금이라도 접해봤다면 마치 고등학교 내신 공
부를 하고 있다는 착각을 받게 만든다. 시험 역시 서술형이 아니
라 객관식이거나 단답형 주관식, 아니면 보기에서 선택하는 식의
유형까지 마주할 수 있다.

중·고등학교라면 모르겠지만, 대학교에서까지 이렇게 단순 주입
식 교육이 이루어진다는 것은 미얀마 전체 사회를 봤을 때도 결코
바람직한 교육 방법은 아닌 것 같다. 대학 교육이 이전보다 사회
가 요구하는 방향으로 많이 바뀌었다는 우리나라도 아직까지 기
업이 느끼기에는 괴리감이 크다. 그런데 학문의 연구가 아닌 단순
한 암기에 국한된 교육이라면 과연 사회에 나와 취업한 기업에서
별 무리 없이 업무 처리를 할 수 있을까?

아직 미얀마는 제조업과 같은 1차 산업이 주를 이루고 있어서
사회적으로 크게 문제가 되지 않을지 모르겠지만, 점차 산업이 발
달하고 기업에서 더 복잡한 업무를 신입사원에게 요구할 경우 대
학 교육과 사회요구 조건들의 괴리가 분명 오게 되어있다. 우리나
라도 그런 과정을 겪고 있고, 여전히 그 괴리를 좁히는 것이 난제
중 난제다.

　미얀마 대학교의 건축 양식은 미얀마 전통의 건축보다는 서양 대학의 모습을 보는 것 같다. 미얀마도 영국의 식민지 영향이 대학기관까지 미친 것이 아닌가 싶다. 실제로 미얀마를 대표하면서 미얀마에서 가장 오래된 양곤 대학교의 경우 영국 식민지 시절에 건축된 것으로, 영국 대학의 느낌이 물씬 난다.

　우리나라를 대표하는 서울 대학교 역시 일제 식민지의 영향 아래 자유로울 수 없었으나, 일본풍의 건축물이 학교 내에 주를 이루는 것은 아니어서 한편으로는 다행이라는 생각이 든다. 물론, 서울 대학교가 경성 제국대학을 계승했다는 것에는 다양한 이견들이 있어서 양곤 대학교와는 비교하는 것이 올바르지 않을지도 모르겠지만 말이다.

그림 3. 5. 영국 느낌이 나는 양곤 대학교 건물

　한편, 양곤 대학교를 제외한 다른 대부분의 대학교는 주말이 되면 학교를 폐쇄하여 기숙사에 있는 학생이 아닌 이상 그 누구도 학교에 들어갈 수가 없다. 나아가 특정 대학교의 경우 평일에도 학생증이나 출입 허가증이 없으면 철저히 통제하고 있다. 우리나라에서는 주말에 대학교 운동장을 이용해서 조기 축구회를 하거나 자격증 시험 등의 시험 장소로 활용하고 있는 것과 대조적이다.

　이렇게 주말에 대학교를 폐쇄하는 이유는 정치적인 영향이 강하게 작용했다. 미얀마도 군부 독재 체제가 오랫동안 이어져 왔기에 민주화 운동도 끊임없이 이어져 왔다. 특히, 학교의 경우 넓은 공터나 광장이 있어서 사람들이 운집하기 쉬웠고, 민주화 운동의 근거지로서의 역할을 충실히 하게 되었다. 그 때문에 주중 허가받은 인원 출입 및 주말 폐쇄라는 극단적인 방법을 택했는지도 모르겠다.

　우리나라도 이와 비슷한 모습을 1970~1980년대에 겪었었다. 하지만 지금 우리나라는 대학교를 주말에 통제하는 정책은 찾아보기 힘들다. 그런데 미얀마에서는 대학교의 주말 폐쇄 이전에 큰 캠퍼스들은 분교를 시켜서 학교 규모 자체가 커지는 것을 막고 있었다. 거기에 광장이나 중앙 공원 등은 거의 찾아보기가 힘들다. 우리나라 대학교에 등장하는 분수대나 넓은 학교 광장은 미얀마인들에게는 현재 상상 속의 장면일 뿐이다.

　미얀마에 더 안정적인 민주화가 정착되기 위해서는 이렇게 대학교를 통제하는 행위들부터 사라져야 할 것이다. 그리고 대학 교육

도 이전에 고수해왔던 주입식 교육에서 벗어나 급변하는 세계에 부합하는 유연한 사고를 기를 수 있도록 도와주는 역할을 하는 교육으로 바뀌어야 한다. 지금과 같은 모습이 이어진다면 미얀마는 앞으로도 계속 변화가 없는 과거에 안주하고 있는 모습만 보이게 될 것이다.

⑥ 외세의 침략

미얀마도 우리나라가 일제 강점기를 겪고 있던 시절에 영국의 침략을 받았었다. 절대적인 기간으로만 따져보면 우리나라보다 더 오랜 시간 동안 식민지 시기를 겪은 미얀마. 그런데 조금 아이러니한 점이 있다면 미얀마는 영국 식민지를 극복하기 위해서 일본을 끌어들였다가 되레 일본 식민지도 잠깐 겪었고, 그 일본을 쫓아내기 위해서 다시 영국을 끌어들였다는 점이다.

만약 우리가 일본을 쫓아내기 위해 연합한 다른 나라가 우리나라를 식민지화 시켰다고 가정할 때, 연합했던 그 나라를 쫓아내기 위해 일본을 갑작스럽게 우리의 우군으로 생각할 수 있었을까? 예전만큼은 아니지만, 국제 스포츠 경기를 할 때 특히 한·일전은 기어이 이겨야 한다는 부담감이 이 질문에 대한 답으로 충분할 것 같다.

우리나라도 발전하기 이전에는 일제의 잔재를 제대로 청산하지 못했던 시기가 있었다. 그러다가 산업이 발전하기 시작하고 국가 재정도 넉넉해졌을 때 비로소 일제 잔재를 하나둘 지워나가기 시작했다. 대표적인 것이 바로 조선 총독부 건물의 해체였다. 서울 한복판에 자리 잡았던 조선 총독부. 이 건물로 인해 조선 시대 정궁이었던 경복궁은 엄청난 수난을 당했는데, 조선 총독부 건물의 해체로 인해 비로소 역사가 제자리로 돌아온 느낌을 받았다. 이 역시 산업화가 진행된 이후 약 20여 년 만에 이루어진 일이니, 과거 청산이 얼마나 힘든지 보여주는 대목이다.

　미얀마도 분명히 영국이나 일본의 잔재가 곳곳에 남아있을 것이다. 우리나라가 그래왔듯 언젠가 미얀마도 우리나라와 같이 과거 잔재를 청산하는 기사가 나오지 않을까 조심스럽게 기대를 해본다. 그와는 별개로 다른 측면에서 조선 총독부와 같은 건물이 미얀마 양곤 한복판에 자리 잡고 있는데 그것은 20층 규모의 사쿠라 타워다. 이름에서도 알 수 있듯 일본 자본이 투입된 건물인 사쿠라 타워는 양곤 도심 가장 좋은 위치에 자리하고 있다. 이곳에는 다양한 사무실들이 있는데, 거기에는 우리나라 공기업인 코트라(대한무역투자진흥공사)도 자리하고 있다.

　앞서 언급한 대로 미얀마와 우리나라는 지리적인 이점이 상당히 많은 나라다. 그만큼 외세에서 들어오기도 쉬운 나라이기도 하다. 그런데 끊임없이 외세의 침략을 받아온 우리나라와 달리 미얀마는 오히려 인접 국가인 태국을 점령했던 역사도 있다. 다른 나라의 침략이라고는 전혀 어울리지 않는 미얀마가 세력 팽창을 위해서 태국 국경을 넘

그림 3. 6. 양곤 시내에 자리하고 있는 사쿠라 타워

었다는 것은 정말 놀라운 반전이었다. 아마도 외세의 침략만 수없

이 겪었을 뿐, 외부를 점령한 역사가 거의 없는 우리나라 사람들이라면 다 이렇게 느끼지 않을지 모르겠다.

우리나라는 세계에서 유일하게 남은 분단국가다. 같은 민족이 이념이 다르다는 이유만으로 자신의 고향에도 자유로이 갈 수 없는 비극이 있는 곳이 바로 우리나라다. 이 역시 우리의 의지와 상관없이 분단되었기에 더욱 안타까운 일이 아닐 수 없다. 사실 일제 식민지를 겪을 때부터 소위 지도부라 할 수 있는 임시정부 요원들이 이념 차이로 인해 2차대전 승전국이 될 수 있었던 절호의 기회를 놓쳤다. 나라의 주권이 없는 상황에서 기득권 다툼을 하는 것이 얼마나 부끄러운 일인가? 그 영향은 지금까지 분단국이라는 오명을 후손에게 남겼다.

한편, 미얀마는 우리나라와 달리 영국에 의해서 강제로 분할 통치된 경우다. 한민족 국가인 우리나라와 달리 미얀마는 대부분을 차지하는 버마족 외에도 다양한 소수민족들로 구성된 나라다. 영국은 이런 미얀마를 통치하기 쉽게 하려고 결속력을 와해시키는 방법을 사용했는데, 그것이 바로 민족별로 나뉘게 만든 것이다. 그 결과 같은 미얀마임에도 종교 분포가 민족별로 상이하고, 미얀마어라는 공통어가 있음에도, 민족별로 의사소통이 거의 이루어지지 못하는 경우도 있다.

우리나라도 거의 70년 이상의 세월을 분단국으로 있다 보니 남북한이 문화적으로도 상당히 이질적으로 바뀌어 버렸다. 물론, 사용하는 한글은 같지만, 의미 해석에 있어서도 약간의 차이가 나기 시작한 것도 추후 통일에 큰 걸림돌이 될 것이다. 이렇게 같은 글을 같은 발음으로 읽어도 문제가 발생할 수 있는데, 미얀마의 경우 같은 글자임에도 지역마다 읽는 방법이 약간씩 차이가 나는 경우를 종종 느낄 수 있다.

교류를 단절시킨다는 것은 단절당하는 입장에서는 인지하지 못한 채 변화가 일어나기 때문에 상당히 무서운 것이다. 그리고 조직력이나 결속력 또한 와해되기 쉽다. 우리나라는 끊임없는 북한의 도발로 골머리를 앓고 있다. 지금도 핵무기를 가지고 불필요한 힘 낭비를 하는 북한의 행동은 마치 전쟁이 일어난 것과 같은 분위기를 조성하기까지 한다. 미얀마의 경우 북쪽 변방은 내전이 종종 발생할 정도로 우리나라 못지않게 불필요한 힘 낭비를 하는 중이다.

애석하게도 다른 나라에 의해 발생한 이 비극은 지금으로서는 돌파구가 보이지 않는다. 서구 열강 및 일본이 저지른 만행이 당하는 입장에서는 얼마나 고통스러운 것인지 재조명해 볼 필요가 있다. 우리나라나 미얀마나 민족 간의 통합이 최우선의 과제이자 해결하기 힘든 난제가 아닌가 싶다. 우리의 힘이 없으면 오랜 기간 더 큰 고통을 후손들에게 물려줄 수밖에 없다는 것을 우리나라와 미얀마가 잘 보여주고 있다.

⑦ 의복의 변화

어느 나라가 되었든 선조 때부터 입어오던 전통 의상이 있다. 전통 의상은 그 시대에 사용할 수 있었던 소재를 가지고 가장 편하게 입을 수 있게 만든 옷으로, 시대가 많이 변한 지금은 조금 불편하게 느껴질지도 모르겠다. 그리고 만드는 방법도 수공업의 형태로 이루어졌기 때문에 아무래도 복잡하고 대량으로 생산하는 것도 불가능하다.

산업이 발달한 지금 우리 시대에서는 이렇듯 전통 의상은 박물관에서나 볼 수 있거나 아주 특별한 일이 있을 때를 제외하고는 길거리에서 흔히 볼 수 없는 옷이 되었다. 그에 맞춰서 개량화도 진행되곤 하지만, 눈에 띌 만큼 많은 사람들이 입고 다니지는 않는다.

이에 해당하는 옷이 우리나라는 한복이고, 미얀마는 론지라 불리는 옷이다. 사실 우리나라도 산업이 발달하기 이전에는 모시 삼베옷을 비롯해서 다양한 한복들을 입고 다니는 모습을 사진으로 확인할 수 있다. 그러나 새마을 운동을 시작으로 한 산업화가 진행됨에 따라서 직업도 많이 달라졌고, 그에 따라서 의복 또한 많은 변화가 있었다.

미얀마 론지의 특징은 남자가 입는 옷도 치마를 보는 듯한 느낌을 받는 것이다. 일반적인 바지의 형태가 아니라 긴 천을 허리에 둘러서 입은 옷이라서 외국인이 처음 이 옷을 입기에는 조금 어려움이 따른다.

　그러나 우기에 특히 습도가 높아서 빨래하기 힘든 미얀마 환경을 생각해 볼 때 하나의 천으로 이루어진 론지는 세탁도 유용하고, 말리기도 그만큼 좋을 것 같아 보였다. 특히, 치마처럼 아래쪽이 뚫려있어서 무더운 여름에는 통풍도 잘 된다. 그만큼 론지는 미얀마 환경에 최적화된 옷임이 틀림없다. 단, 남자의 경우 화장실 가기가 불편한데, 그것은 요즘 만들어진 현대식 화장실일 경우에 그렇지, 원래 미얀마에 있었던 화장실이라면 일을 보는 데 큰 지장이 없었을 것으로 생각된다.

　미얀마는 아직까지 학교에 가거나 절에 갈 때에는 대부분 론지를 입고 다니는 등 전통 의상을 입은 사람들을 많이 볼 수 있지만, 우리나라의 추세를 봤을 때 산업화가 진행되면 자연스럽게 캐

쥬얼로 복장이 바뀔 것이다. 지금도 양곤 시내를 가면 론지를 입은 사람들도 많이 볼 수 있지만, 청바지에 티셔츠를 입은 미얀마인들 또한 제법 많이 볼 수 있다.

하지만 여전히 시장을 가면 론지를 팔고 있는 상점들을 많이 볼 수 있다. 앞으로 미얀마의 의복이 어떻게 바뀔지 흥미로운 대목이다. 아주 짧은 시간 급격한 변화를 이룩한 우리나라와 오랜 시간 동안 계속 바뀔 것이라는 전망만 있고 현실은 변화를 느낄 수 없을 정도로 거의 정체되어있는 미얀마. 과연 의복도 변화를 느끼지 못할 정도로 천천히 변화할 것인가? 그것의 정답은 미래에 있다.

그림 3. 8. 론지를 팔고 있는 미얀마 상점

그림 3. 9. 미얀마식 슬리퍼 '쪼리'

한편, 앞으로도 바뀌지 않을 것 같은 것이 있으니, 다름 아닌 신발이다. 동남아시아 국가들은 대부분 더운 날씨가 이어지는 데다가 우기와 건기의 구분이 있어서 양말을 신고 다니는 사람들을 보기가 힘들다. 이는 비로 인해서 신발은 물론 양말도 쉽게 젖기 때문이다.

그런 미얀마에 맞춘 신발이 있으니, '쪼리'라 불리는 슬리퍼다. 미얀마에서는 떼죠(သိင်္ကျိုး)라고 부른다. 이 신발은 우리가 알고 있는 일반적인 슬리퍼와 모양이 약간 다른데, 엄지발가락과 검지발가락 사이에 고정핀이 있어서 이 신발을 신고는 양말을 신을 수 없다.

그림 3. 9.에서 보는 것과 같이 고정핀을 중심으로 양쪽으로 갈라져 나온 삼각형 모양의 끈이 발과 신발을 이어주는 연결고리 역할을 한다. 그리고 대부분이 고무 재질이어서 비가 내린다고 하더라도 금방 마를 수 있도록 생각해낸 것 같았다. 또 발바닥 외에는 접촉면을 최소화해서 통풍에도 효과가 있다.

그러나 슬리퍼 특성상 뒤꿈치가 고정되지 않기 때문에 뛰는 데는 불편함이 있다. 또 고정핀 부분이 쉽게 닳아서 신발을 좀 험하게 신는 사람에게는 오랫동안 신을 수 있는 신발이 아니다. 물론, 양말 신는 것에 익숙한 우리나라 사람들에게는 처음에 이 신발이 상당히 어색하게 느껴질 수도 있다. 왜냐하면, 발가락에 무언가 걸리는 신발을 신어볼 기회가 많지 않았기 때문이다.

그런데 미얀마 사람들은 예전부터 맨발로 다니는 것이 익숙해서 그런지 슬리퍼와 비슷한 이 쪼리도 잘 안 신고 다니는 것을 볼 수 있다. 마치 지압판과 같은 울퉁불퉁한 바닥임에도 아주 자연스럽게 걷는가 하면, 축구를 할 때도 맨발로 하는 모습을 쉽게 볼 수 있다. 이렇게 할 경우 발목에 상당히 무리가 있을 수 있지만, 거기에 익숙해져 있다면 신발을 신는 것이 더 어색할 수도 있겠다는 생각이 들었다. 이 또한 상대적인 것이 아닌가 싶다.

한편, 미얀마에 처음 왔을 때 의아해했던 부분도 있었는데, 굳이 신발을 벗고 들어갈 필요가 없는 장소에도 신발을 벗고 안으로 들어가는 모습이었다. 모든 사람이 다 벗고 들어가면 '그런가보다.'라고 생각할 수 있지만, 누구는 벗고 누구는 신는다는 것은 외국인의 눈으로 볼 때 의문이 들 수밖에 없었다.

여기에는 미얀마 문화가 녹아 있다. 바로 자신보다 윗사람이 있는 곳으로 갈 때는 신발을 벗어서 그 사람에게 예를 표하는 것이었다. 특히, 불교 신자가 많은 미얀마의 특성상 스님을 뵙거나 절(미얀마에서는 파고다라고 한다. 4장에서 자세하게 다룰 예정이다.)에 갈 경우 신발을 벗는 모습을 쉽게 볼 수 있다. 서양 사람들이 모자를 벗어 상대방에게 예를 표한다면 미얀마에서는 예를 표하는 대상이 모자가 아니라 신발이라고 할 수 있을 것 같다.

경조사와 같이 큰 행사가 있을 때도 미얀마에서는 쪼리가 구두의 역할을 대신한다. 복장은 서양식 양복 정장을 갖춰 입었지만, 신발만큼은 구두가 아닌 쪼리를 신는 사람들도 간간이 보인다. 어떻게 보면 발이 그만큼 변화에 민감한 것이 아닌가 싶다. 처음에 우리나라에서 본 동남아시아 사람들이 발이 얼어붙을 것 같은 한 겨울에도 슬리퍼를 신는 모습이 이해가 되지 않았는데, 미얀마에 있어 보니까 그 이유를 짐작할 수 있었다.

  의복은 점차 캐주얼로 바뀌어 가고 있는 미얀마. 하지만 쪼리라 불리는 이 신발만큼은 미얀마의 날씨가 지금과 완전히 다른 모습으로 바뀌지 않는 이상 어느 장소를 불문하고 볼 수 있을 것이다.

⑧ 일본의 전후 보상금(경제 지원) 활용

  우리나라도 그렇고, 미얀마도 그렇고 일본의 식민 지배를 받은 아픈 역사가 있다. 하지만 두 국가 모두 제2차 세계대전에서 승전 국의 자격이 되지 않았기 때문에 전후 보상금을 제대로 받지 못했다. 오히려 우리나라는 미국과 소련의 영향 속에 들어가 버린 데 이어 북한의 야욕으로 6·25 전쟁이라는 또 다른 민족 비극까지 겪었다. 그만큼 다른 나라들에 독립은 보장받았을지는 몰라도 하나의 나라로 인정받지는 못했다고 볼 수 있다.

  미얀마는 정확히 어떤 이유에서 일본이 경제적인 지원(또는 보상)을 하고 있는지는 모르겠지만, 우리나라는 1950~1960년대에 걸쳐 일본과 국교회복을 위한 협정을 체결하였다. 그러면서 보상금 명목의 청구권 3억 달러와 함께 장기 저리 차관 3억 달러 등 당시에는 천문학적인 금액을 들여오게 되었다.

  물론 지금도 논란이 되고는 있지만, 우리나라는 그 돈을 토대로 세계 10위 권 경제 대국으로 올라선 것은 분명한 사실이다. 당시 이렇게 많은 돈을 국가가 아닌 개개인의 이익을 위해서 사용했다면 지금의 우리나라는 있을 수 없었을 것이다. 그래서 정치가들의 역할이 중요하다고 하는 이유인 것 같다.

  지금은 일본 기술력이나 우리 기술력이 큰 격차가 나는 것이 아니기 때문에 우리나라에서 일본산 제품을 보기가 그렇게 쉽지는 않지만, 1970~1980년대만 하더라도 일본 제품이 우리나라에 상당히 많았었다. 그러나 우리나라의 경우 단지 그 일본 제품을 사용하는 데만 그친 것이 아니라, 그 제품을 분해도 해보고 비슷하게 만들어보는 등 우리 기술로 만들려는 노력은 일본도 혀를 내두를 정도였다. 그 결과 지금의 기술력이 탄생한 것이다.

한편, 미얀마에는 현재도 도로의 중고차가 대부분 일본 차량일 정도로 우리나라보다 더 일본의 물건들이 많이 들어와 있다. 게다가 약 30여 년에 걸쳐서 지속적으로 일본 자본이 투입되는 등 우리가 받았던 규모보다 더 많으면 많았지, 작은 규모는 아니라는 생각이 들었다.

그런데 미얀마에서는 빨리 자국화를 추진하는 것이 아니라 받은 것에 대한 활용에 그치고 있는 수준이었다. 나아가 고속도로 톨게이트나 공항 주차장 등에서는 진행 방향으로부터 우측에서 요금을 지불할 수 있게 만들었다. 이는 운전대가 우측에 있는 일본 차량을 고려한 형태로 우리나라와 마찬가지로 우측통행을 하는 미얀마 도로교통법에는 맞지 않는 형태다.

그림 3. 10. 미얀마 고속도로 톨게이트

그런데도 도로교통법에 맞는 차량이 오히려 운전하기에 불편한 환경이 조성되고 있는 점은 문제가 있다. 장기적인 관점으로 봤을 때 빨리 운전대 위치를 통일시켜서 교통안전에 지장을 주지 않는 방향으로 해야 하지만, 지금 상황에서는 운전대 위치 통일은 힘들 것 같아 보인다. 과연 2018년을 전후로 운전대의 위치를 통일시킨다는 정부 지침은 현실화가 될 수 있을까? 그렇게 되기 위해서는 우측에 운전대가 위치한 일본 차량에 대한 불편함을 미얀마인들이 느껴야 하는 것부터 우선적으로 이루어져야 하지 않을까 싶다.

최근 양곤에는 일본이 자본을 투자하여 조성한 공단도 만들어지고 있다. 물론, 거기에는 일본 기업들이 자리하고 있다. 과연 이 공단에서 미얀마 자체의 기술을 키워낼 수 있을 것인가? 여기서 미얀마인들이 기술을 습득해서 국가를 위해 활용하기 시작한다면 미얀마의 산업도 우리나라 못지않게 급속도로 발전이 가능할 것이다. 그러나 단순히 하청이나 노동 집약적인 업무에만 치중되어 있다면 계속 저임금 노동에만 머무를 것이다.

물론, 이런 내용은 미얀마 정부도 알고 있는 사항일 것이다. 그러나 이에 대한 뾰족한 대책이 아직은 없어 보이는 것이 아쉬운 대목이다. 우리나라의 새마을 운동이 얼마나 대단한 추진력이었는지 미얀마에서도 느끼고 있다. 구슬도 꿰어야 보배라고 하듯이 과연 미얀마에서는 일본이 투입하는 자본들을 어떤 방법을 통해서 미얀마 현실에 맞춰 적재적소에 사용되는가도 지켜볼 일이다.

⑨ 행정수도 이전

　우리나라의 수도는 서울이다. 그런데 행정수도라는 이름으로 세종특별자치시가 존재한다. 한편, 미얀마의 수도는 우리가 익히 알고 있는 양곤이 아니라 네피도(Nay Pyi Taw)라고 하는 작은 도시다. 우리나라의 경우 공식 수도를 서울에서 세종시로 옮기지는 않았지만, 미얀마는 공식 수도를 양곤에서 네피도로 옮긴 상태다.

　세종시와 마찬가지로 네피도 역시 처음부터 지명이 네피도가 아니었다. 네피도가 있는 지역은 원래 밀림지대인 핀마나(Pyinmana)라고 불렸던 지명으로, 수도 이전과 함께 네피도로 이름을 바꾸게 되었다. 우리나라도 충남 연기군 일대에 행정도시를 조성해서 세종시를 만든 것과 거의 같은 이치다.

　세종시와 네피도는 유사한 점이 제법 많은데, 그중 대표적인 것이 바로 행정수도의 역할을 하고 있다는 것이다. 하지만 완전한 수도로의 기능은 하지 못하는 것도 닮은 점이다. 우리나라의 경우 경제, 문화, 정치 등 다방면에 걸쳐서 서울의 영향력이 크게 미치고 있고, 미얀마의 경우 역시 양곤이 이 역할을 하고 있다.

　또 인프라나 주변 부대시설이 갖추어지기도 전에 덥석 도시부터 계획해서 만드는 바람에 거의 유령도시가 되어버린 것도 두 도시의 웃지 못할 부분이다. 그나마 네피도의 경우 고속도로나 기차역이 있어서 다른 도시로의 이동이 미얀마 다른 지역에 비해 나은 편이지만, 그조차도 없는 세종시의 경우 여전히 대전이나 조치원 등으로 이동해야 하는 불편함이 있다.

네피도로 이전한 2005년 이전에는 미얀마의 새해인 띤잔 연휴 기간(띤잔과 관련해서는 7장에서 자세히 언급하겠다.)이 1주일 정도 였는데, 2005년 이후부터는 이 띤잔 연휴 기간이 2주로 길어져 버리는 기이한 일이 발생했다. 이는 네피도에 있는 공무원들이 고향으로 가기가 힘들기 때문에 연휴가 길어진 것으로, 2017년까지는 4월 달력에 빨간 날이 절반이 있는 것을 볼 수 있었다. 이제 교통편이 안정적으로 되었는지 2018년부터는 4월 띤잔 연휴가 1주일로 줄어들었다.

외부와의 교통은 상당히 불편한 네피도, 아이러니하게도 도시 내 도로교통은 사통팔달, 대단하게까지 느껴질 정도로 광활하게 펼쳐져 있는 모습을 볼 수 있다. 마치 공항의 활주로를 보는 듯 탁 트인 시야는 물론이고, 차선을 세기 어려울 정도로 넓은 폭은 양곤에서 보던 좁은 도로와는 차원이 달랐다. 그런데 중요한 것은 민망할 정도로 보이지 않는 차량이다. 과연 수요 예측을 어떻게 했을지 의문이 들기까지 하는 도로들을 관리하는데도 만만치 않은 비용이 들어갈 것이다.

그림 3. 11. 네피도의 길

이렇게 활용도가 떨어지는 길 때문에 미얀마인들은 네피도에 대해서 상당히 부정적인 시각이 강하다. 특히, 미얀마인에게 네피도를 가보겠다고 하면 아무것도 없는 그곳에 왜 가느냐는 면박을 받을 정도다. 실제로 쭉 뻗은 길과 잘 만들어진 공공기관 건물, 호텔을 제외하고는 네피도에서 구경할 것은 극히 드물다.

한편, 세종시는 우리나라의 교통편이 워낙 잘 되어 있어서 연휴를 늘릴 필요까지는 없겠지만, 평균적으로 볼 때는 교통오지임이 틀림없다. 세종시가 만들어진 지 거의 10년 만에 수도권에서 세종시를 이어주는 고속도로를 건설하고 있으니 말이다. 그리고 세종시 내에 위치한 기차역은 여전히 없고 앞으로도 있을지 모르겠다.

그러다 보니 세종시에 근무하는 공무원이나 네피도에 근무하는 공무원이나 체감상 느끼는 인프라에 대한 부족은 동일할 것이다. 행정도시랍시고 청사만 덩그러니 무계획적으로 만든 두 도시, 어쩌면 보여주기식 정치들이 보여준 산물이 아닌가 한 번쯤 곱씹을 필요가 있다. 나아가 중장기적인 계획이 있는 개발이 얼마나 중요한 것인지도 다시 한번 생각해 볼 문제다.

4

종교가 아닌, 하나의 생활로 자리 잡은 불교

　　세계적으로 인정받는 종교는 기독교를 비롯해서 천주교, 이슬람교, 그리고 불교라고 할 수 있다. 그중에서 가장 역사가 오래된 종교는 불교다. 그런 이유에서인지 불교는 다른 종교에 비해서 믿는 형태나 기도하는 방식이 상당히 다양하다. 어쩌면 최근 추세인 현지화를 가장 잘했다고도 볼 수 있지만, 그만큼 초창기의 모습을 그대로 보기가 힘들다. 그런 측면에서 원형을 유지하고 있는 미얀마 불교는 전 세계적으로도 보존 가치가 높다.

　그뿐만 아니라 미얀마를 이해하기 위해서는 미얀마 불교에 대해서 알아야 할 정도로 불교가 미얀마에 미치는 영향력은 말로 표현하기가 어렵다. 그리고 상식적으로 이해하기 힘든 부분들도 제법 눈에 띈다. 이번 장에서는 그런 미얀마 불교에 대해서 살펴보고자 한다.

① 초기 불교를 가장 잘 보존한 나라

우리가 익히 알고 있듯 불교는 인도의 북쪽에서 발원했다. 하지만 지금까지 약 2,500여 년 동안 옛날 그 모습 그대로를 거의 그대로 유지해오고 있는 곳은 인도가 아닌 미얀마다. 지금과 같이 문서로 남길 수 있는 장치들이 있었던 것도 아니고 영상을 찍어 저장할 수 있는 장치들도 없었는데도, 그 모습을 그대로 아주 긴 시간 동안 이어올 수 있다는 것은 그 자체로 놀라운 것이 아닐 수 없다.

미얀마에서 불교의 원형을 유지한다는 경전을 한 글자도 틀리지 않고 외워서 구전한 수많은 스님들의 노력이 있었기에 가능한 것이었다. 말로 전해지는 것을 어떻게 사람이 단 하나의 글자도 틀리지 않고 전달을 할 수 있었을까? 이 또한 하나의 미스터리가 아닐까 싶다. 그것도 모국어가 아닌, 부처님 당시에 사용하던 빨리어라 불리는 언어로 구전했다는 것은 어떻게 해석을 해야 할지 모를 정도다.

지금도 미얀마에서는 삼장법사라 불리는 초기 불교 경전 세 권을 모두 암기한 스님들이 있다. 한 문장도 그대로 전달하기 쉬운 것이 아닌데, 경전이라는 어려운 내용을 토시 하나 안 틀리고 외워왔다는 것과 한 권도 아닌 세 권을 모두 완벽하게 암기했다는 것은 신이 아니고서야 가능한 일인지 의문이다. 사실 이렇게 외워온 스님들이 있었기에 불교의 초창기 모습을 간접적으로나마 겪을 수 있었던 것이 아닌가 했다.

이렇게 불교의 초창기 모습을 잘 유지하고 있는 미얀마에서 불교에 대한 미얀마인의 자부심은 상상 이상으로 강하다. 어쩌면 다른 종교가 들어오기가 힘들었던 이유도 외부 선교에 흔들리지 않고 더 굳은 마음으로 불교를 믿었기 때문이 아닌가 싶다.

미얀마에는 다른 불교국가에서는 거의 사라지고 있는 탁발의식을 매일 아침 길거리에서 볼 수 있다. 많게는 수십 명의 스님들이 그 행렬에 동참하는데, 마치 영화 속의 한 장면을 보는 것 같다. 탁발[3] 행렬이 지나갈 때 시끄러운 소리를 내더라도, 길을 가로막더라도 그 누구도 불평불만을 하지 않고 이 행렬이 끝날 때까지 기다린다. 이는 평소 미얀마인들의 모습과 비교해 볼 때 쉽게 이해되지 않는 부분이기도 하다. 길거리의 모습에 대해서는 다음 장에서 좀 더 구체적으로 언급하도록 하겠다.

그림 4. 1. 거리의 탁발행렬

---

3 불교 용어로 걸식(乞食) 수행을 뜻함. 발우(鉢盂)를 들고 집집이 돌아다니면서 음식 공양을 구하는 것 출처: http://studybuddha.tistory.com/620 [불교 용어사전]

② 미얀마에서만 볼 수 있는 절 풍경

 전통을 잘 살리고 있는 미얀마의 절[4]은 우리나라와 달리 동네에서도 쉽게 접할 수 있다. 인적이 드문 산 중턱에 바람 소리마저 방해가 되는 우리나라의 절을 생각했을 때 미얀마의 절은 문화적인 충격을 받을 만큼 분위기가 다르다. 묵언과 명상이 주를 이루는 우리나라 불교는 어느 곳에 가더라도 조용히 해달라는 주의 문구를 볼 수 있다. 한편, 미얀마의 절은 마치 콘서트장에 온 것과 같이 음악 소리며, 사람들의 이야기 소리며 시끄럽게 느껴지기까지 한다.

 더 놀라운 것은 밤낮을 가리지 않고 녹음된 경전을 스피커로 방송하는데, 이 소리 또한 워낙 커서 주변에 있는 동네 사람 모두가 들을 수 있을 정도다. 하지만 다른 소리는 소음으로 들으면서 이 소리만큼은 소음이 아닌 경건한 음성으로 들리는 모양이다. 밤에 잠을 방해할 정도로 시끄럽지만, 오히려 이 소리를 따라 하는 사람들이 있을 정도로 생활 속 깊숙이 불교가 자리하고 있음을 느낄 수 있었다.

 미얀마 절에서는 자연스럽게 행해지고 있는 모습 중 우리나라에서 보기 힘든 또 다른 모습들이 있다. 바로 절 내부에서 데이트를 하는 연인들이다. 절에서 데이트한다는 그 말 자체가 이해가 될 사람이 얼마나 될까? 미얀마의 절을 보면서 우리나라 절이 어쩌면 미얀마보다 더 딱딱하고 접근하기가 어려운 종교가 된 것은 아닌가 싶었다.

---

4 미얀마 현지에서는 파고다라고 부르지만, 편의상 절이라고 표현하겠다.

또한, 미얀마인들에게 절은 종교 생활을 하기 위한 장소가 아니라 문화 공간의 역할도 충실히 하고 있다. 요즘 들어서 현대식 쇼핑몰들이 하나둘 들어서기 시작했지만, 여전히 미얀마에는 여가 생활을 즐길 수 있는 장소가 그렇게 많지 않다. 이런 상황에서 한 동네 걸러 하나씩은 볼 수 있는 절이 문화 공간으로 활용되는 것이 자연스러워 보였다.

때로는 공원의 역할로, 때로는 기도의 공간으로, 때로는 데이트 장소로. 이것이 가능한 이유는 미얀마인들이 대부분 불교를 자신의 종교로 삼고 있기 때문이 아니었을까 생각해본다. 특정 종교 비율이 높지 않고 다양한 종교의 신자가 있는 우리나라에서 종교 공간을 이렇게 다양한 형태로 자연스럽게 사용하기란 사실 쉽지가 않기 때문이다.

미얀마의 절과 우리나라의 절은 또 다른 차이가 있는데, 미얀마 절은 들어가는 입구에서 맨발로 다녀야 한다는 것이다. 우리나라 절에서는 법당 안에 들어가더라도 양말을 신고 들어가는 것이 예의라고 생각하는데, 미얀마에서는 그 반대의 모습을 보이는 것이다. 이는 앞 장에서 언급했던 미얀마 신발의 구조와 함께 자신보다 높은 사람(절에서는 부처님이나 스님)을 뵐 때 신발을 벗어서 예를 표하는 것이 복합된 결과라고 할 수 있을 것 같다. 하지만

외국인으로서는 미얀마 절을 맨발로 걸어 다니는 게 결코 쉬운 일
은 아니다.

어릴 때부터 맨발로 다니는 것에 익숙한 미얀마인들도 한낮 뜨
거운 햇살에 한껏 달아오른 바닥을 걷기 힘들어한다. 하물며 맨발
로 다니는 것이 익숙하지도 않은 데다가 열판 위를 걷는 듯한 고
통스러운 바닥은 미얀마 절을 구경하는 것조차 허락하지 않는 듯
한 기분까지 느껴진다. 그렇다고 비가 내릴 때는 물이 고인 바닥
을 걸어야 해서 발이 이만저만 고생이 아니다. 특히, 구두나 운동
화를 신고 미얀마 절을 다닐 때는 발을 닦고 양말을 신었다 벗
었다 하는 시간도 꽤 소요된다.

조금 유명한 절의 경우 외국인에 한해서 제법 비싼 입장료를 받
는데, 입장에 아무런 제약이 없는 미얀마인들을 볼 때 약간의 차
별을 받는 기분이 들 때가 있다. 우리도 예전에는 외국인 입장료
와 내국인 입장료가 달랐던 적이 있었다. 하지만 미얀마에서처럼
이렇게 눈에 띌 정도로 큰 차이가 나는 경우는 없었던 것으로 기
억한다.

그래서 미얀마 절에 갈 때는 마치 민속촌 같은 곳에 입장하는 느
낌을 받았다. 왜냐하면, 미얀마 현지인들의 생활 속 모습을 여과
없이 들여다보는 장소가 미얀마 절이고, 그곳을 구경하기 위해서
입장료를 내는 것으로 여겨지기 때문이었다. 절 입구 매표소는 외
국인 매표소라고 표시가 되어 있을 정도다.

❦ 그림 4. 3. 미얀마 절 입구에
있는 경고문

❦ 그림 4. 4. 미얀마 절의 외국인
전용 매표소 모습

한편, 미얀마는 우리나라와 달리 석가 탄신일을 따로 지정해놓지 않았다. 미얀마 불교가 우리나라 불교와는 차이가 있지만, 기독교나 천주교에서 크리스마스 행사를 연중 가장 큰 행사로 여기는 것을 견주어 보면 의아하게 받아들여졌다. 게다가 미얀마에서도 크리스마스를 공휴일로 지정하고 있다는 것은 이해가 잘 가지 않았다.

그런데 다른 관점에서 생각해보면 굳이 기념일로 정하지 않은 것에 대해서 이해를 할 수 있었다. 바로 매일 불교의 영향 아래에서 불교의 가르침대로 행하고 있어서 하루하루가 기념일의 역할을 하고 있다는 것이다. 또 같은 불교라고 할지라도 중국을 거친 대승불교(우리나라의 불교도 여기에 속한다)와 달리 초창기 불교 (소승불교)에서는 처음부터 석가 탄신일에 대한 기념일 지정이나 기념행사를 따로 하지 않았을지도 모른다는 생각이 들었다.

미얀마에 있다면 어디서든 쉽게 들을 수 있는 경전 낭독 소리, 그리고 한 블록 걸러 하나씩은 자리 잡고 있는 듯한 절, 그리고 탁발행렬. 이들에게 불교는 종교라는 개념에서 초월하여 일상생활이 되었다. 또한, 누구나 쉽게 들렀다가 지나갈 수 있는 하나의 마을 공동체로 자리매김했다.

③ 미얀마인들의 기부에 대한 염려

　자연의 힘 중에는 관성력이라는 것이 있다. 아마 미얀마 불교가 초창기의 모습을 지금까지 잘 이어온 것은 보이지 않는 이 관성력이 다른 어느 국가들보다 더 크게 작용한 것이 아니었을까? 그렇다 보니 외국인이 볼 때 한 가지 우려스러운 부분이 눈에 띄었다. 그것은 생활 수준에 맞지 않게 지나치게 높은 기부 문화다. 물론, 어떠한 대가를 바라지 않고 순수한 뜻에서 자신의 것을 내어놓는 것은 상당히 가치가 있는 기부다. 하지만 미얀마 생활을 하다 보니 우리가 흔히 아는 기부와는 느낌이 달랐다.

　우선 기부함의 규모에 있어서 우리나라와 확연히 차이가 남을 알 수 있다. 보통 한 장소에 하나의 기부(보시)함이 자리하고 있는 우리나라 절과 달리, 미얀마 절에는 기부함이 마치 하나의 벽을 이루듯 크기도 다양하고, 모양도 가지각색이다.

　그런데 일부러 보여주기 위한 것인지는 모르겠지만, 기부함이 투명해서 돈이 얼마나 있는지 다 볼 수가 있다. 매일 수거를 하지 않는 것인지, 기부하는 양이 엄청나서 수거를 해도 표가 나지 않는 것인지 항상 돈이 넘칠 듯 쌓여있는 것도 눈여겨볼 점이다.

　또 한 가지 눈여겨볼 점은 회사에서도 이 기부 활동이 활발하게 이루어지고 있다는 것이다. 미얀마인들은 업무시간이 되었든, 쉬는 시간이 되었든 전혀 개의치 않고 기부 활동을 한다. 심지어 업무시간에 직장에서 벗어나 기부 활동을 하고 다시 돌아오는 일도 빈번하게, 그것도 아주 자연스럽게 행해지고 있다.

미얀마에서 기부는 우리나라의 봉사활동과 거의 비슷한 의미로 행해지는 느낌이었다. 요새 우리나라도 연말 정산 때 세금 혜택을 받기 위해서 기부를 하면 기부증을 받는다. 미얀마는 세금 혜택이 없음에도 기부를 하면 기부증을 준다. 거기에는 마치 영수증과 같이 이름, 기부액, 날짜 등을 적는 공간이 있다. 물론, 글은 미얀마어로 적혀있고, 공간에는 수기로 작성한다.

기부액이 적혀있기 때문에 기부증은 한 장으로 생각할 수 있지만, 특이하게도 기부증 한 장당 금액이 있어서 그 액수를 초과하면 여러 장의 기부증을 받게 된다. 그 액수는 어떤 기부냐에 따라 다르지만, 대부분 한 장당 500짯은 넘기지 않는 것 같았다.

불교라는 종교에는 윤회 사상이 내포되어있다. 말 그대로 이생을 마감하더라도 또 다른 세상에서 또 다른 삶을 살 수 있다는 사상이다. 즉, 불교를 종교로 하는 사람들은 현재의 삶이 미래의 삶에 영향을 미친다고 굳게 믿고 있다. 그래서 죄를 짓지 말고, 남을 해하지 말고 등의 내용이 불교 경전에 있다.

미얀마인들에게는 이것이 약간 와전이 되어서 현재에 열심히 절에 기부하게 되면 다음 생에는 더욱 나은 삶을 사는 사람이 될 수 있다고 여기고 있다. 이것은 기부라는 본래의 취지와 어긋나는 행동으로, 미래에 무언가를 얻기 위해서 현재를 포기하는 것과 같은 느낌까지 받게 된다.

제아무리 종교단체라고 하더라도 지금과 같이 자본주의 사회에서 돈의 유혹에서 쉽게 벗어나기는 어렵다. 고려 시대에 한창 부

흥을 이뤘던 우리나라의 절들도 왕족들의 기부 등에 힘입어 상당한 부를 축적했는데, 결과적으로는 부패한 불교로 변질된 적이 있었다. 돈의 유혹과 관련해서는 미얀마라고 해서 크게 다르지 않다. 특히, 자본주의 사회로 접어들었기에 고려 시대 우리나라 절보다 더 쉽게 돈에 대한 유혹을 뿌리칠 수 없을 것이다.

이런 영향으로 해마다 엄청난 기부를 받는 절은 더더욱 부패의 길로 빠져들 것이다. 반면에, 경제적으로 빈곤층에 속해서 생활 자체가 힘듦에도 불구하고 무리를 해서라도 기부를 하는 미얀마인들은 헤어나올 수 없을 정도로 생활고가 악화되는 악순환이 발생하기 마련이다. 그러나 이것 또한 하나의 삶의 일부로 받아들이고 있는 미얀마인들을 볼 때 악순환의 고리는 쉽게 끊기지 않을 것 같다.

🌿 그림 4. 5. 미얀마 절의 기부(보시함)

🌿 그림 4. 6. 미얀마의 기부증

5

세계를 담아놓은 미얀마 길거리의 모습들

　　🌲　우리나라도 전후 복원이 이루어질 때까지는 우리나라 자체에서 생산할 수 있는 기반이 되지 않았기 때문에 외국에서 사용하던 중고품들을 원조나 차관을 통해 도입해서 사용했다. 그러다 보니 다양한 나라의 물건들이 우리나라에서 새로운 삶을 살게 되었다.

　지금 미얀마의 모습이 그 당시 우리나라의 모습을 연상하면 될 것 같았다. 특히, 공산품에 대한 생산이 미얀마에서는 거의 이루어지지 않기 때문에 외국에서 들여온 중고품들을 상당히 많이 볼 수 있다. 그것은 길거리에서도 마찬가지로, 도로에 다니고 있는 차량의 메이커만 해도 종류가 우리나라보다 더 많을 것이다. 시대와 국적을 뛰어넘은 미얀마의 도로를 살펴보겠다.

① 시대와 국적을 초월한 도로

1) 시대를 초월한 도로

미얀마 길거리의 모습은 시대를 초월하는 듯한 장면들을 많이 볼 수 있다. 사진에서나 볼 수 있는, 아주 옛날의 모습부터 시작해서 지금 우리나라를 보는 것 같은 현대식 모습까지 다양한 모습들을 한 공간에서 마주할 수 있다.

박물관에 가면 시대별로 전시장을 구분해 놓는다. 그리고 오래된 시대부터 입구에서부터 순서대로 볼 수 있도록 동선도 유도해 놓았다. 마치 우리의 삶을 압축해 놓은 듯 전시된 모습을 보면 자연스럽게 시대가 넘어가서 역사적인 흐름을 간접적으로나마 이해할 수 있다.

그런데 미얀마 길거리의 모습은 그런 시대적인 구분을 완전히 파괴한 대신 종류별로 묶어놓은 듯한 느낌이 강하다. 예를 들어, 도로의 경우 잘 포장된 넓은 도로와 비포장길을 하나의 도로에서 동시에 볼 수 있고, 밟아도 나갈 것 같지 않은 30년은 족히 되어 보이는 차량과 방금 첫발을 내딛는 신형 차량이 같은 도로에 다니고 있다.

그림 5. 1. 포장도로와 비포장도로가 혼재된 미얀마도로

과거와 현재가 혼재되어 있다는 것은 그만큼 사회가 급변하고 있다고 볼 수도 있다. 아직 이전 것들도 사용 가능한데 그것을 대체해서 또 다른 것들을 사용하는 것과 마찬가지기 때문이다. 마치 교체 주기가 점점 빨라지고 있는 휴대전화기와 같은 첨단기계를 교체하듯 미얀마에서는 품목과 관계없이 모든 것이 다 빨리 대체되고 있는 착각이 들 정도다.

2) 유심히 볼 필요가 있는 모습들

무분별하게 대체만 되는 것 같이 보이는 미얀마, 하지만 자세히 들여다보면 의외로 예전의 것만 있다고는 보기 어렵다. 그리고 일부 교차로의 신호체계는 우리나라보다 더 체계적이라고 말할 수 있을 정도로 잘 되어 있다. 차량의 흐름을 원활하게 하는 것 가운데 신호등의 역할도 무시할 수 없다. 특히, 특정 시간대에만 정체가 심하거나 특정 방향으로만 차량 흐름이 많을 때는 신호등의 역할이 더 커진다.

미얀마의 신호등은 우리나라에서 흔히 보던 신호등의 모습에서 다른 모습으로 바뀌고 있는 것을 쉽게 확인할 수 있다. 지금도 도로를 나가보면 신호등을 새롭게 바꾸고 있는 작업이 한창 진행 중이다. 바뀐 신호등의 특징이라면 신호 가운데 숫자가 표시된다는 것이다.

그림 5. 2. 바뀌기 전 신호등   그림 5. 3. 바뀌고 난 이후 신호등

신호등에 남은 시간이 표시되어 있으면 여러 가지 장점을 찾을 수 있다. 우선 녹색불의 신호가 언제까지 지속될 지 모르기 때문에 마음 졸이며 가속을 하는 일이 줄어들 것이다. 이는 곧 신호가 바뀜으로 인해 발생하는 급감속을 예방할 수 있다. 또 기다리는 시간이 얼마나 되는지 알 수 있어서 그 시간을 자투리 시간으로 활용할 수도 있다. 또한, 예측 출발도 사전에 방지할 수 있다.

아무리 복잡한 신호체계라 할지라도 자신이 기다리고 있는 신호등에 시간이 표시되어 있으므로 그것만 보면 다른 신호등의 순서에 대해서 굳이 알 필요가 없다. 또 출발 전 미리 준비할 수 있어서 사이드 브레이크나 기어 중립 등 다리를 쉴 수 있는 시간도 확보할 수 있다.

우리나라는 보행자 신호는 남은 시간이 표시되어 있지만, 차량 신호에는 남은 시간이 표시된 신호등이 거의 없다. 그 이유를 생각해보니 우리나라는 좌회전 신호등까지 같이 있는 4구 신호등이

지만, 미얀마는 좌회전 신호와 직진 신호가 별개로 있는 3구 신호
등이다. 즉, 좌회전과 직진 중 특정 신호에 맞춰 남은 시간을 표
시하기가 힘들기 때문이 아니었나 싶다.

교차로에서도 우리가 도입했으면 좋겠다는 것이 있었다. 미얀마
의 삼거리 교차로를 유심히 살펴보면 신호등에 구애받지 않는 차
선이 있다.

그림 5. 4.를 자세히 보면 가장 우측 차선의 경우 신호등이 따
로 없는 것을 알 수 있다. 그리고 별도의 가벽이 설치되어 있어서
인근 차선에서 이 차선으로의 진입을 막고 있는 것도 볼 수 있다.
마치 입체 교차로의 모습을 보는 것과 같이 이곳의 차량 흐름은
신호등과 전혀 무관해 보임을 알 수 있다.

좀 더 가까이서 보면 신호와 무관해 보이는 우측 차선의 경우 차
선도 교차로를 침범해서 길게 이어져 있는 것을 볼 수 있다. 높이
차이만 없을 뿐 거의 별도로 운영하는 차선이다. 그리고 차량 역
시 신호등은 빨간불이 켜져 있지만, 그에 아랑곳하지 않고 계속
가던 길을 이어 나가고 있다.

이렇게 차량이 신호의 영향을 받지 않고 움직이면 반대편에서
신호를 받고 진입하는 차량과 엉키는 위험은 없을까? 그 부분이
궁금해서 도로의 중앙을 살펴보았다. 차량 통행이 많은 곳의 경우
중앙에 분리대를 별도로 설치해서 유입하는 차량과 기존에 달리
는 차량을 분리시켜 놓은 것을 볼 수 있었다.

그림 5. 6.에서 보는 것과 같이 차선 또한 이중으로 표시해서 합류하는 구간에서는 차선변경을 금지해 놓은 것도 눈에 띈다. 입체 교차로를 만들기에는 고비용과 공간 부족의 문제가 있지만,

이렇게 해놓을 경우 차량의 흐름도 원활하게 할 수 있고, 안전에도 기여할 수 있을 것이다.

우리나라에는 삼거리 교차로가 그렇게 많지는 않다. 그래서 미얀마에서 볼 수 있는 다음과 같은 교차로의 모습이 굳이 필요하지 않을지도 모르겠다. 또 이런 교차로를 만들 경우 보행자의 통행에 있어서 큰 걸림돌이 작용할 수도 있다. 왜냐하면, 보행자가 도로를 횡단하기 위해서는 차량의 흐름이 끊어져야 하기 때문이다. 하지만 육교나 지하도를 세우는 것이 도로를 입체화하는 비용 또는 차량정체로 인한 보이지 않는 비용을 고려해 볼 때보다 효율적인 모습은 아닐까?

3) 세계 자동차 박물관 미얀마

미얀마에는 아직 자동차를 제조할 수 있는 공장이 없다. 그러면 거리를 다니고 있는 이 많은 차들은 어디에서 온 것들일까? 바로 외국에서 사용하던 중고차들이다. 물론 새 차들도 보이긴 하지만, 미얀마에 다니고 있는 차량 대부분은 연식이 제법 된 중고차들이다.

최근 들어 우리나라도 다양한 국가에서 수입되는 차들이 거리를 다니고 있다. 국내 브랜드가 그만큼 가격이 비싸진 것도 있지만, 소비자에게 선택폭이 그만큼 넓어진 것도 한몫한다. 그렇지만 여전히 전체 차량 비중에서는 국내 브랜드만큼의 비율은 아니다.

세계적인 추세도 자국 브랜드 차량만 이용하는 분위기가 아니라 다양한 브랜드의 차량을 이용하는 것으로 바뀌고 있다. 물론, 자동차 회사 또한 자국 내에서만 생산하는 것이 아니라 자꾸 세계로 뻗어 나가고 있어서 이제 차량에 있어서는 나라의 개념이 사라지고 있는 것도 사실이다.

미얀마의 차량은 서로 다른 나라에서 운행하다가 미얀마에서 운명처럼 만난 차들이 대부분이다. 일본 차량이 눈에 많이 띄는 것은 사실이지만, 같은 차종을 보는 것이 쉬운 일은 아니다. 그래서인지 자동차를 제조하는 국가의 브랜드는 모두 들어와 있는 듯한 느낌까지 받는다.

특히, 버스를 보면 얼마나 다양한 국적의 차량이 다니고 있는지 실감이 난다. 우리나라의 경우 동일한 노선의 버스라면 대부분 같은 버스이거나 같은 회사에서 만든 차량을 이용하는 경우가 많다. 그런데 미얀마에서는 같은 노선이라도 버스가 제각각이라 노선번호를 유심히 보지 않으면 엉뚱한 버스를 탈 가능성이 상당히 크다.

4) 의식개선이 필요한 부분들

지금은 많이 개선된 것이라고는 하지만, 여전히 지정된 장소가 아닌 곳에서 유턴을 하는 차량이나 횡단보도가 없음에도 무단횡단을 자연스럽게 하는 보행자들 또한 미얀마 길거리에서 마주할 수 있는 모습이다. 이 또한 도로는 시대의 흐름에 맞춰 변화하고 있지만, 교통에 대한 시민의식은 여전히 과거에서 벗어나지 못하는 것을 볼 수 있다.

우리나라에는 유턴 신호등도 따로 있을 정도로 마주 오는 차선으로 넘어가는 것에 대한 교통 규제가 있다. 진행 방향이 같다고 하더라도 속도 차이가 있고 운전자의 운전 실력에 따라서 접촉 사고의 위험이 있는데, 하물며 진행 방향이 반대인 차선으로 진입하는 것은 반대편 차선에 있는 차량이 예측하지 못할 경우 정말 큰 사고로 이어질 수밖에 없다.

그래서 지정된 장소에서 신호에 따라 안전하게 통행하도록 유도한 것이 유턴 신호등이다. 그런데 미얀마의 차들은 큰 도로가 되었든, 작은 도로가 되었든 간에 유턴할 수 있는 여지만 보이면 거기서 바로 유턴을 해버리는 것을 볼 수 있다. 특히, 시간에 따라 수익이 달라지는 택시가 이렇게 위험한 유턴을 많이 한다.

그림 5. 7. 유턴 방지를 위해 설치된 중앙분리대

그림 5. 8. 유턴이 가능한 구간 표지판

최근에 미얀마에서도 사고 방지를 위해 유턴을 원천차단하는 중
앙분리대를 설치하는 모습을 볼 수 있다. 폭이 좁은 도로라면 설
치하기가 쉽지 않겠지만, 차량이 많고 차선도 많은 도로에서는 고
속도로와 같이 중앙분리대를 설치하는 모습을 볼 수 있었다. 하지
만 중앙분리대가 고정식으로 설치한 것이 아니라 이동이 가능한
개별 블록을 놓아둔 것이라서 블록 간 간격이 존재한다. 문제는
그 틈이 조금 넓으면 그곳을 이용해서 유턴을 시도하는 차량도
있다는 것이다.

중앙분리대가 있다고 안심하고 달리던 차량은 예상치 못한 유턴
차량의 등장으로 놀라는 것은 말로 표현하기 어려울 것이다. 그로
인해 도로에서 싸움이 발생하는 경우까지도 있으니 말이다. 아무
리 통제를 하는 수단들이 있다고 하더라도 의식이 바뀌지 않으면
무용지물이라는 것을 중앙분리대를 통과하려는 유턴 차량을 통해
서 볼 수 있었다. 심지어 유턴이 가능한 구간이 지정되어 있음에도
불구하고 말이다.

또 다른 요소인 무단횡단 역시 의식개선이 시급한 문제다. 앞서
무단 유턴은 차량을 운전하는 운전자가 고쳐야 할 의식이라면 무
단횡단은 보행자가 고쳐야 할 의식이다. 즉, 도로에 있는 모든 사
람의 의식이 개선되지 않으면 안 된다는 것을 의미하는 것이기도
하다.

무단횡단은 여러모로 위험한 요소들을 안고 있다. 그런데 사람
들은 그 위험성을 알면서도 왜 무단횡단을 하는 것일까? 이 역시

미얀마의 도로를 보면 그 이유를 찾을 수 있다. 바로 횡단보도의 부재다. 미얀마 도로가 보행자들을 무단횡단으로 내몰았다고 표현할 수 있을 정도로 도로에 횡단보도가 드물다.

하물며 교차로에서도 횡단보도가 있는 도로는 그렇게 많지가 않다. 차량 신호에 맞춰서 사람들이 도로를 건너는데, 정해진 보도가 없다 보니 사람들이 자기가 편한 곳에서 차들 사이를 피해 건너는 모습을 쉽게 마주할 수 있다. 더 놀라운 것은 보행자용 신호등이 있는 도로에서도 횡단보도라고는 찾아보기 힘든 도로도 있었다.

그러다 보니 자연스럽게 육교가 있는 도로에서도 버릇처럼 사람들이 무단횡단을 하는 모습을 볼 수 있었다. 육교를 통행하는 것보다 무단횡단을 하는 것이 더 자연스러워 보였던 미얀마의 도로. 횡단보도를 빨리 설치하고 무단횡단하는 사람들을 적극적으로 단속해서 미얀마의 거리에도 사람과 차가 엉키는 모습을 더 이상 볼 수 없으면 좋겠다.

② 정체될 수밖에 없는 양곤 도로

동남아시아에서 쉽게 볼 수 있는 오토바이가 양곤 시내에서는 보기 힘든 것도 눈여겨볼 장면이다. 양곤의 도심지 일부 지역에는 오토바이가 통행이 금지되어 있는데, 그런 영향으로 같은 미얀마지만 양곤과 그 외 지역은 도로에서도 느낌이 다르다.

🌿 그림 5. 9. 양곤 시내의 길거리

🌿 그림 5. 10. 양곤 이외 지역의 길거리

한편, 그림 5.9.에서 본 것과 같이 미얀마의 중심 도시인 양곤에는 우리나라 못지않게 넓은 도로가 많다. 왕복 8차선 도로는 물론이고 주요 간선도로의 경우 왕복 6차선의 폭은 유지하고 있다. 그럼에도 요일을 불문하고 하루종일 정체가 지속되는 도로도 제법 볼 수 있다.

과연 양곤의 차량이 서울보다 많아서 하루종일 정체가 있는 것일까? 반드시 그런 것은 아니다. 그렇다고 다른 동남아시아 국가와 같이 오토바이의 영향으로 정체가 되는 것일까? 애초에 오토바이가 다니지 않기 때문에 이런 영향은 전혀 없다. 양곤 정체에 대해서 원인을 5가지로 구분해보았다.

1) 정체의 주범 불법 주정차

먼저 정체에 있어서 가장 큰 영향을 미치는 불법 주정차에 대해서 살펴보겠다. 우리나라도 주차공간이 부족해서 자의 반 타의 반으로 도롯가에 주정차를 하는 모습을 많이 볼 수 있다. 지정된 시간이나 지정된 장소에 주정차할 경우 큰 문제가 되지 않지만, 그렇지 않은 경우에는 차선 하나를 완전히 막는 효과를 불러일으켜서 도로 정체를 유발한다.

그나마 우리나라는 CCTV를 통해서나 경찰이 순찰하거나 해서 꽤 많은 범위를 감시하고 있어서 불법 주정차의 빈도가 심각한 수준은 아니다. 그리고 도로가 넓고 다른 대체 교통수단이 항상 있기 때문에 불법 주

그림 5. 11. 차선 하나를 완전히 막는 불법 주정차

정차가 도로를 마비시킬 정도의 수준은 아니라고 생각한다.

하지만 미얀마는 아직까지 대중교통 인프라가 우리나라만큼 발달하지 않은 상태인 데다가 단속도 그렇게 잘 이루어지지 않기 때

문에 일부 도로는 차량이 많이 없는데도 심각한 병목현상을 겪는 것도 볼 수 있다. 특히, 한 차선만 막히는 것이 아니라 두 차선 이상 걸쳐서 정차해버리는 차들 때문에 그림 5. 11.과 같이 편도 3차선 이상의 도로가 갑자기 편도 1차선 도로로 급격히 좁아져 버리는 경우도 다반사다.

불법 주정차 차량을 피하고 나면 갑자기 도로의 정체가 사라지는 것도 병목현상의 영향이 얼마나 큰지 보여주는 예다. 특히, 출퇴근 시간일 경우에는 그 영향이 훨씬 커서 마치 주차장을 연상할 정도로 움직임이 없을 때도 있다.

2) 차선은 물고 가는 것이다?

미얀마에서 차를 타고 다니다 보면 좀 의아하게 보이는 장면이 있다. 바로 차들의 위치다. 차들은 차선 사이에서 그 차선을 따라 운전하는 것이 일반적이다. 그것이 차선의 역할이기도 하다. 하지만 미얀마에서는 차선이 마치 철도를 보는 듯한 모습이 종종 보이곤 한다.

앞 차량이 차선을 물고 가기 시작하면서 뒤에 따라오는 차량도 모두 자연스럽게 차선을 물고 운행하는 미얀마 차량들. 어디서부터 이렇게 시작되었는지는 모르겠지만, 아마도 가측 차선에서 시작된 효과가 아닌가 싶다. 초보 운전자가 하는 실수 중 하나가 착시 현상으로 인해 차선을 잘못 맞추는 것인데 미얀마 차들이 그런 모습을 보여주는 것 같았다.

미얀마에 차량이 본격적으로 도입된 것은 그렇게 오래되지 않았지만, 그 수는 기하급수적으로 늘어났다. 그런데 도로 폭은 능숙한 운전자가 운전하기에도 결코 쉽지 않을 정도로 좁게 만들어 놓아서 옆 차선을 물고 운전하는 현상이 두드러지게 보이는 것은 아닌가 싶었다.

이렇게 차선의 기능을 파괴함으로써 결국은 중앙차로까지 침범하는 모습을 볼 수 있다. 이는 반대편에서 오는 차들이 자신의 차선을 이용하지 못하게 되는 기이한 현상을 만든다. 이는 중앙차선 가변차로와 같은 효과를 불러일으켜서 먼저 점령하는 쪽이 차선을 하나 더 사용하기에 이른다.

이렇게 되면 차선을 물고 가는 방향은 별도로 차선이 늘어나지 않았는데, 반대편 방향은 차선이 하나가 줄어드는 효과가 발생한다. 차선의 절대량이 줄어들다 보니 자연스럽게 병목현상이 발생하게 되고, 이는 정체로 이어지는 악순환이 되어버리고 만다.

🦋 그림 5. 12. 차선을 물고 운행하는 미얀마 차량

🦋 그림 5. 13. 중앙차선을 침범한 차량

3) 주머니 차선 부재가 불러온 나비효과

　우리나라의 도로가 정말 잘 되어있는 것 중 하나가 교차로에서 볼 수 있는 주머니 차선이다. 그냥 단순하게 생각할 때 주머니 차선은 큰 효과가 있을 것으로 생각하기는 어렵다. 왜냐하면, 일반적으로 직진 방향의 통행량이 좌우 회전하는 통행량보다 많기 때문이다.

　그러면 맞은편의 차선을 줄여가면서까지 주머니 차선을 만드는 것은 큰 의미가 없는 것일까? 절대 그렇지 않다. 앞서 계속 언급해왔던 병목현상의 효과를 생각해볼 때 차선이 줄어들면 정체가 발생하지만, 차선이 늘어나면 정체가 완화되는 것을 알 수 있었다. 주머니 차선은 긴 거리에 걸쳐서 차선을 점유하는 것이 아니라, 아주 짧은 구간(물론 통행량이 많은 도로에서는 제법 긴 구간에 걸쳐서 주머니 차선이 이어지는 경우도 있다.)에 한정해서 만들곤 한다.

　한편, 주머니 차선은 직진 차량의 원활한 통행에도 효과가 있다. 좌회전이나 우회전 차량이 신호 대기나 앞 차량으로 인해 정체되었을 때, 주머니 차선이 없는 경우에는 직진 차량의 통행에도 영향을 미치게 된다. 하지만 주머니 차선으로 차량이 빠져주면 직진 차량은 좌우 회전 차량의 영향에서 벗어나 기존의 통행 흐름을 그대로 이어 나갈 수 있다.

　이러한 효과가 있음에도 불구하고 주머니 차선이 없는 도로가 많은 이유는 도로의 공간이 그렇게 많이 확보가 되지 않았기 때문이다. 기존 차선을 그대로 유지하면서 주머니 차선을 만든다는 것은 결국 별도의 차선 하나가 더 있거나 반대편 차선을 한 차선 줄여야 가능하다. 하지만 도로를 건설할 당시 계획했던 차선을 주머니 차선을 만들기 위해서 줄여버리면 자연스럽게 줄인 차선에서는 정체가 발생할 수밖에 없다.

사실 정체가 거의 발생하지 않는 도로에서는 주머니 차선이 있을 필요도 없고, 있어도 큰 효과를 바라기도 어렵다. 양곤의 도로에 주머니 차선이 거의 없는 것도 초기에 차량이 지금처럼 이렇게 급격히 증가하리라고 예상하지 못했기 때문이 아니었나 싶다.

주머니 차선이 없는 곳에서 차량 한 대가 좌회전이나 우회전을 위해 대기하고 있으면 그 뒤에 따라오는 차들은 앞 차량이 도로를 빠져나갈 때까지 자연스럽게 정지하게 된다. 특히, 도로가 혼잡할 경우 옆 차선으로 차선을 변경하는 것도 쉬운 일이 아니다. 그런데 무리해서라도 옆 차선으로 끼어들려고 하는 차량으로 인해 도로의 혼잡은 가중되는 효과까지 불러일으킨다.

즉, 방향을 틀려고 대기하는 차량 한 대로 인해 뒤따르는 차들뿐만 아니라 인근 차선에 있는 차량에도 영향을 미치고 있다는 것이다. 이동을 못 하고 대기하는 시간이 길어질수록 그 효과는 더욱 커져서 의도치 않은 정체가 발생하게 되어버린다.

이런 효과는 소통이 원활한 도로에서도 볼 수 있다. 그림 5. 14.에서 보는 것과 같이 버스가 정류소에 정차하자 뒤에 따라오는 차량이 일시적으로 정체되는 모습을 볼 수 있다. 지금은 많이 개선되었지만, 여전히 미얀마 버스들은 버스 정류장이 있는 곳에서 가측 차선에 정차하기보다는 가운데 정차해 있는 버스와 같이 중간 지점에 정차하는 버스도 제법 눈에 띈다. 가측에 정차한 버스보다는 이렇게 중간에 정차한 버스들이 정체를 더 크게 유발한다.

버스 앞을 보면 차량이 거의 없는 것을 볼 때 소통이 원활하던 도로가 갑작스럽게 정체가 되는 것을 볼 수 있었다. 이렇게 차량이 거의 없을 때도 부분적으로 정체가 유발되는데 차량이 많을 경우는 정체의 범위가 더 길어지게 되는 것은 당연한 사실이다.

4) 양보의 미덕은 어디로?

서두에서도 언급했지만, 미얀마 사람들은 이상하게도 차만 타면

경쟁의식이 극도로 발휘되는 것 같다. 평소에는 아주 차분했던 사람들도 운전대만 잡으면 그 누구에게도 지지 않으려고 하는, 알 수 없는 경쟁심리가 발동하는 듯했다. 마치 지금까지 참아왔던 것을 도로에서 풀려고 하는 것 같이 말이다.

사실 도로에서 운전자들이 양보만 잘하더라도 정체의 절반은 줄여나갈 수 있다. 선진국을 보면 운전하는 사람들은 상당히 여유를 가지고 운전대에 앉아있는 것을 금방 느낄 수 있다. 누구든지 방향등을 켜면 뒤차가 서행해주면서 끼어들 틈을 만들어주는 등 경쟁이라고는 찾아보기가 힘들다.

그런데 미얀마의 도로를 지속적으로 관찰하다 보면 마치 레이싱장에 온 것과 같은 기분이 들 정도로 상대방에 대한 양보 운전을 찾아보기가 힘들다. 그러다 보니 방향등을 켜지도 않고 틈이 보이는 대로 무리하게 끼어들어서 부딪치기 일보 직전의 위험한 상황도 상당히 많이 보이곤 한다.

서로 끼어들려고 하다 보니 교차로에서는 꼬리물기가 우리나라보다 더 악명이 높다. 단 한 대를 더 앞지르려고 하다 보니 서로 더 늦어지는 것은 느낄 틈도 없어 보였다. 이는 자연스럽게 경적으로 이어지고, 하지 않아도 될 신경전을 펼치기에 이른다. 그렇다고 과연 빨리 가지는 것일까?

당장을 보면 그렇게 가는 것 같다. 그러나 서로 무리하게 끼어들려고 하면서 발생하는 지연시간 등을 고려해보면 결코 빠른 것이 아니다. 모래시계도 모래가 차례로 내려가면 모래가 금방 떨어지는데 어딘가에 뭉쳐져 있으면 모래가 떨어지기는커녕 제자리에서 움직이지 않는 것을 알 수 있다.

차량도 이와 마찬가지가 아닐까? 차례로 차들이 잘 빠져나가거나 다른 도로에서 진입하려는 차량을 한 대 정도씩 끼워 넣어준다면 도로도 잘 뚫리지 않을까? 양곤 도로에서는 차들이 끼어들지 못하고 뒤로 빼는 차량도 제법 볼 수 있다.

성격이 급한 차량은 반대편 차선에 차가 없다면 역주행을 감행하는 경우도 허다하다. 특히, 골목길과 같이 좁은 길에서 좌회전하려는 차량이 이렇게 역주행을 하는 경우가 많은데 이렇게라도 하지 않으면 도로

그림 5. 15. 도로 진입을 못 해 후진하는 차량

에 진입 자체가 힘들어 보였다. 어쩌면 운전자 자신들이 운전하기에 더 힘든 상황을 만들고 있는 것은 아닌가 생각해볼 필요가 있을 것 같다.

이렇게 양보라고는 한치도 볼 수 없는 양곤의 도로라고는 하지만, 놀랍게도 탁발행렬이 거리를 지나갈 때는 그 누구도 경적 하나 울리지 않는다. 아니, 울리던 경적도 멈출 정도다. 이것이 과연 불교의 힘인 것인가? 길거리에서도 미얀마인을 알아가는 것이란 쉬운 일이 아니다.

5) 차선을 먹는 중앙분리대

앞장에서 불법 유턴을 막기 위해서 중앙분리대를 설치한다는 내용을 언급했었다. 그런데 이 중앙분리대가 도로 정체를 유발할 수 있다는 것도 보여주는 곳이 바로 양곤이다. 사실 중앙분리대는 양쪽 1차선들 사이에 약간의 공간을 더 만들어서 차선의 폭은 영향을 받지 않도록 하는 것이 기본이다.

그런데 양곤의 도로는 차선폭 자체가 좁은 데다가 원래는 없었던 중앙분리대를 억지로 가져다 놓다 보니 차선의 폭에 영향을 미치게 되었다. 최근 들어 학교 주변 등 어린이 보호구역에서 도로폭을 줄이는 것과 같은 착시효과를 통해 통행하는 차들의 속도를 줄이는 데 일조했다는 것을 들어본 적이 있을 것이다. 그만큼 차선폭의 변화는 운전자에게 큰 영향을 끼칠 수 있다는 것을 알 수 있다.

그런데 속도를 내야 하는 1차선에서 이렇게 착시효과를 불러일으키면 급감속으로 인해 사고의 위험이 커질 뿐만 아니라 차량의 원활한 흐름에도 영향을 미치게 된다. 그런데 양곤 도로에는 더 나아가 차선 자체를 지워버리는 중앙분리대도 심심찮게 보인다는 것이 문제다.

　이렇게 차선 하나를 통째로 잡아먹은 중앙분리대는 차선을 갑자기 변경해야 하는 위험과 함께 갑자기 줄어든 차선으로 인해 병목현상이 생기기 마련이다. 안전을 위해서 설치한 중앙분리대가 오히려 안전을 위협하고 있는 셈이다.

　특히, 통행량이 많은 도로에는 중앙분리대가 제법 설치되어 있는데, 이런 도로일수록 병목현상은 두드러지기 마련이고 전혀 정체가 없던 도로도 갑자기 심각한 정체 구간으로 바꿔버리곤 한다.

　안전을 위해 설치한 중앙분리대가 오히려 안전을 위협하면서 차량의 흐름에도 방해를 가져다준다면 불행히도 양곤 시내에서 중앙분리대가 다시 없어지는 날이 오게 될지도 모르겠다.

③ 배수구의 중요성을 일깨운 도로

물은 어느 곳에 있어도 위에서 아래로 흐른다는 변치 않는 성질이 있다. 물론, 분수대와 같이 인공적인 상황을 조성했을 때는 그와 반대로 가는 예도 있다. 하지만 자연 그대로의 물은 거의 100이면 100, 위에서 아래로 흐른다. 상식적인 이 내용을 간과했다가는 상당히 큰 문제가 발생하곤 한다.

도로에서도 마찬가지다. 비가 오면 도로에 물이 고이지 않게 하기 위해서는 위에서 아래로 흐르는 이 물의 원리를 잘 활용해야 한다. 그 역할을 하는 것이 바로 배수구다. 우리나라에서도 물론 이런 배수시설이 잘 되어 있지 않은 곳이 있긴 하지만, 대부분 도로에서는 비가 온다고 해서 물이 도로에 고이는 일이 거의 없다.

그런데 미얀마 도로를 다니다 보면 배수가 아직은 잘 이루어지지 않는 것을 확인할 수 있다. 건기에는 비가 내리지 않기 때문에 표가 나지 않지만, 우기에는 비가 내리면 바로 도로에 물이 차는 모습을 제법 마주할 수 있다.

물론, 열대성 스콜이 내리기 때문에 비가 짧은 시간에 엄청 많이 내리기는 하지만, 물이 빠지지 않고 도로에 그대로 남아있는 것은 분명 문제가 있어 보였다. 특히, 차량이 움직일 때마다 물결이 보이는 것은 마치 작은 개울을 차들이 건너는 느낌까지 받는다.

바닷물이 아니라고는 하지만, 분명 차가 물에 오랫동안 잠겨있는 것은 차에게 좋은 영향을 미치지 않는다. 특히, 연식이 오래된 미얀마 차량의 경우 다른 나라보다 차량의 부식이 더 빨리 일어나기 때문에 안전에도 상당히 큰 문제가 일어날 수 있다.

최근에는 도로 주변 정비를 하면서 배수구도 새롭게 만드는 곳들을 제법 볼 수 있었다. 미얀마 정부에서도 배수의 중요성을 인지하고 있었던 것으로 여겨진다. 그래서 2017년 당해 메인 도로에서는 우기에 비가 아무리 많이 내리더라도 도로가 물에 잠기는 일이 거의 없었다. 그로 인해 차량 역시 통행이 원활하게 잘 이루어지는 모습도 볼 수 있었다.

적은 양의 비가 내릴 때는 배수는 큰 영향을 미치지 않는다. 문제는 비가 짧은 시간에 갑자기 많이 내릴 경우 발생한다. 많은 양의 물을 다 수용할 정도의 배수시설을 갖추는 것은 도로의 안전에도 직결되는 문제가 되기 때문에 새로운 도로를 만들 때도 최우선으로 배수에 신경을 쓸 필요가 있다.

🌿 그림 5. 17. 비 오는 날 미얀마 도로

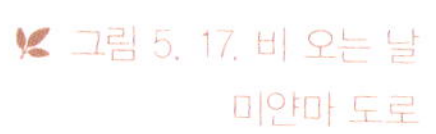

🌿 그림 5. 18. 배수구 공사 중인 도로

④ 사람이 모이는 곳이면 장소를 불문하고 만들어지는 시장들

사람이 만나는 곳에서는 항상 무언가 교환 활동이 활발하게 이루어진다. 그것이 돈으로 환산할 수 있는 것도 있고, 환산하기 어려운 것들도 있다. 화폐의 사용은 이런 물물교환을 훨씬 활발하게 만들어 주었는데, 그러면서 커진 것이 바로 시장이다.

그래서 아주 오래전부터 마을에서 가장 많은 사람들이 모이는 곳에는 시장이 자리 잡고 있었고, 그것은 시대가 바뀌어도 변하지 않는 모습이었다. 한편 미얀마의 시장은 조금 이색적인 시장도 제법 볼 수 있다.

1) 길거리 시장

길거리에 시장이 형성되는 것은 우리나라에서도 쉽게 볼 수 있는 시장의 형태 중 하나다. 최근 우리나라에서는 도로 정비가 잘되어 있고, 도로 및 인도에 노점상이 들어오는 것을 법으로 규제하고 있기 때문에 거리에서 시장이 만들어지는 것은 많이 없어졌다.

하지만 도로와 인도의 경계가 모호하고 단속에 크게 영향이 없는 미얀마에서는 조금만 공간이 있으면 어김없이 시장이 들어서는 것을 볼 수 있었다. 이렇게 만들어진 시장의 대부분이 먹는 것에 집중되어 있긴 하지만, 사람이 모이는 곳에 자연스럽게 만들어진다는 점에서 하나의 구경거리가 되기에 충분했다.

길거리 시장은 도로의 규모를 막론하고 거기에 맞춰서 크기가 조절된다. 좁으면 좁은 대로, 넓으면 넓은 대로 공터가 있으면 그곳을 다 활용하는 등 시장의 크기도 자유자재로 조절이 가능한 형태다.

즉, 대부분이 포차와 같은 형태의 이동이 쉬운 간이식 가판대고, 의자도 들고 다니기 쉬운 플라스틱 작은 의자들이었다. 음식이 절반 이상을 차지하고는 있지만, 그 사이에도 미얀마 전통 물건을 판다든지, 생필품을 판다든지 하는 다양한 종류의 상품들을 마주할 수 있다.

그림 5. 19. 길거리 시장

2) 공항 야시장

　다음은 공항의 야시장이다. 밤에 여는 시장은 어느 나라가 되었
건 간에 활발하게 형성되어 있다. 하지만 공항에 시장이 만들어지
는 것. 그것도 낮도 아닌 밤에 더 활발하게 사람이 다닌다는 것.
그 자체가 우리나라에서는 보기 드문 것이다.

　공항은 이착륙 소음이 심하기 때문에 일반적으로 마을에서 멀리
떨어진 곳에 자리 잡고 있다. 오래된 공항은 이전하기 힘들어서
밤에 이착륙 제한이 있는 등 먼 곳에 있어서 찾아가기가 불편하거
나 밤에 개점휴업하거나 하는 곳이 일반적이다.

　즉, 밤에는 공항에 가봐야 텅 빈 청사만 구경할 가능성이 크다는
뜻이기도 하다. 또는 자가용이 아니고서는 대중교통이 다 끊긴 공
항에 굳이 가려고 하는 사람들도 드물 것이다. 그렇기에 양곤공항
에 만들어진 야시장은 쉽게 볼 수 있는 시장은 아니다.

　이렇게 야시장이 만들어지는 원인에는 미얀마 특유의 날씨가 한
몫한다. 건기에는 낮에 그늘이 없는 공간에 있기가 상당한 고통이
다. 그리고 저녁에는 열대야 비슷한 날씨가 이어진다. 우리나라
도 여름에는 한강 변에 야영하는 시민들의 모습을 뉴스에서 비춰
주는데, 양곤의 밤이 그렇다고 보면 될 것 같다.

　그리고 결정적으로 양곤공항은 낮과 밤의 비행기 편수가 큰 차
이가 없다는 점이다. 우리나라로 오가는 유일한 직항편인 대한항
공도 양곤공항에 저녁 10시 30분 도착이고, 다시 서울로 돌아가
는 시간은 저녁 11시 50분이다. 거의 자정에 가까운 시간이다.

즉, 한국의 활동 시간에 맞춰 비행기를 운항하기에 양곤공항에 이
착륙하는 시간은 늦은 밤이 되는 것이었다.[5]

또 공항이 시내 한복판은 아니지만, 그렇다고 변두리에 있는 것
도 아니기에 생각보다 접근성이 좋다. 서울 사람들이 한강 변에
야영을 하듯 양곤 사람들이 양곤공항에서 야영하는 것은 그만큼
가기가 쉽다는 것을 말해주는 것이다. 공항 주차장의 외곽으로 에
워싼 양곤공항의 야시장은 기후와 접근성, 그리고 비행기 스케줄
까지 삼위일체로 탄생했다고 볼 수 있다.

🌿 그림 5. 20. 양곤공항 야시장

5　미얀마 왕복 직항 대한항공 인천 출발시각 저녁 6시경, 인천 도착시각 아침 7시 30분경으
로 그날 일과의 시작과 끝을 거의 맞출 수 있다.

3) 기차역 승차장 시장

우리나라의 기차역은 점점 규모가 커지고 현대식으로 변하고 있다. 물론, 관리하는 측면에서나 외관상 보기에는 이렇게 변하는 것이 좀 더 좋아 보일지도 모르겠다. 그러나 관리 비용적인 측면에서 바라볼 때 역의 규모가 수요에 비해서 커지는 것은 분명 낭비적인 요소가 많다.

아직까지 기차역의 경우 기차를 타지 않더라도 입장권[6]을 구비하고 있으면 출입하는 데 있어서 제재를 받지 않는다. 하지만 승차장에서 지정된 부스가 아니고서는 물건을 파는 상업행위를 제재하고 있다. 우리나라에서는 이렇게 법적으로 제재를 가하는 승차장 내 상업행위. 그런데 미얀마의 기차역에서는 정말 시장의 모습도 볼 수 있다.

그림 5. 21.에서 기차가 없다면 이곳이 기차역인지 구분이 쉽게 되지 않는다. 승차장에 이렇게 눈에 띌 정도로 큰 시장이 들어선 모습은 외국인이 보기에 상당히 이색적인 모습이 아닐 수 없다. 심지어

✿ 그림 5. 21. 기차역 승차장에 만들어진 시장

선로까지 침범해서 점포들이 자리 잡고 있는데, 이 역시 우리나라에서는 철도법 위반 행위로 간주되는 모습들이다.

---

6 자동발매기에서 무료로 뽑을 수 있다. 작은 역의 경우 입장권이 없는 역도 있다.

다행인지는 모르겠지만, 미얀마의 기차는 아직 속도가 빠르지 않다. 그리고 열차의 빈도가 그렇게 높지 않다. 어쩌면 이런 영향으로 사람들이 기차가 접근하더라도 두려워하지 않는 것인지도 모르겠다. 또 한편으로는 기찻길이 본연의 역할을 하지 않고 있을 때 다른 용도로 사용되므로 공간 활용을 참 잘한다는 생각도 들었다.

기차가 들어올 때는 기차까지 시장으로 바꿔버리는 진귀한 모습도 볼 수 있다. 시장에서 물건을 산 사람들이 하나둘 기차에 오르기 시작하면 자연스럽게 기차 내부에도 시장과 같은 분위기가 조성되기 때문이다. 그렇다고 기차가 빨리 역을 떠나는 것도 아니다. 짐이 많은 사람들도 여유 있게 기차에 오를 수 있도록 꽤 오랜 시간 동안 정차해주고 있었다.

이렇게 시장이 형성되는 역이 한두 곳이라면 미얀마에서도 특이하게 받아들일 수 있지만, 공간이 제법 있는 역이라면 어김없이 시장이 형성되기 때문에 이 또한 미얀마 문화로 받아들여야 하지 않을까 싶다.

4) 창고형 대형마트

특이한 시장들이 있다고 해서 미얀마에 현대식 마트나 쇼핑센터 등을 볼 수 없는 것은 아니다. 아무리 변화가 느리다고 하는 미얀마라고는 하지만, 의외로 많은 곳에서 현대식 마트나 쇼핑센터를 마주할 수 있다.

특히, 하루가 멀다 하고 생기고 있는 현대식 쇼핑몰은 변화가 거의 없다는 미얀마가 맞는지 의심까지 들게 한다. 쇼핑몰을 들어가게 되면 시원한 에어컨이 항시 가동되고 있고, 시설이나 팔고 있는 물건들이 전통 시장과는 완전히 달라서 쇼핑몰에만 있으면 미얀마에 온 것인지, 한국에 있는 것인지 구별이 되지 않을 정도다.

그중에서도 창고형 대형마트는 단연 눈에 띈다. 우리나라도 미국의 코스트코가 유입되면서 창고형 대형마트가 하나둘 생기기 시작했는데, 미얀마에서는 자체 브랜드를 가진 창고형 대형마트(간다마 홀세일, 오션마트)가 있다는 점이 눈에 띄는 부분이다.

더 놀라운 것은 간다마 홀세일의 경우 마트 주변은 허허벌판에 가까울 정도라는 점이다. 마치 공상과학영화에서 보는 UFO가 벌판 어딘가에 불시착한 느낌이 들 정도다. 하지만 접근성에서는 어디에도 뒤지지 않는데, 마트 바로 앞에 왕복 6차선 큰 도로가 자리하고 있고, 걸어서 15분 정도의 거리에 기차역도 버젓이 자리하고 있기 때문이다.

이곳은 따로 회원 전용제 같은 것은 없었고 누구나 출입이 가능한 매장이다. 그리고 소량 구매와 다량 구매를 따로 구분하여 적은 양을 구매할 경우 일반 매장과 가격 차이가 별로 나지 않는다는 것이 특징이다. 물품의 종류는 식품, 가전, 가구, 신발, 의류, 잡화에 이르기까지 팔 수 있는 것은 다 팔고 있다고 해도 과언이 아니다.

그중에서 눈에 띄는 것은 단연 불교용품. 전 국민의 90% 가까이가 불교를 믿고 있는 미얀마의 특성을 아주 잘 표현해주는 상품이 바로 불교용품이다. 집에 모셔둘 수 있는 불상부터 시작해서 차량에 놓는 불상이나 꽃병 등 다양한 종류의 불교용품이 하나의 코너에 마련되어 있는 것은 미얀마에서만 볼 수 있는 모습이다.

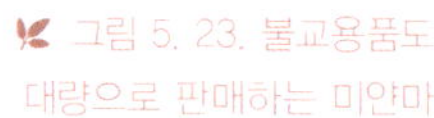
그림 5. 22. 미얀마의 창고형 대형마트

그림 5. 23. 불교용품도 대량으로 판매하는 미얀마

6

상상 그 이상을 보여주는 미얀마의 교통수단

🌲 사람은 한곳에서만 머무르지 않고 좁은 지역이라도 계속 이동을 하면서 살아간다. 처음에는 두 발만 이용해서 다녔기 때문에 먼 거리를 이동하기가 힘들었다. 그러다가 동물을 이용해서 움직이거나 도구를 사용해서 교통수단을 만들어 다니기 시작하면서 활동영역을 계속 확장해 나갔다.

교통수단은 시대를 거듭할수록 더욱 발전해 나갔고, 결국 지구도 좁아져서 우주로 나가는 시대까지 오게 되었다. 그런데도 모든 교통수단이 빠른 것만 추구하는 것은 아니다. 다 상황에 맞게, 용도에 맞게 필요한 속도를 갖춰서 만들어지기 때문이다.

미얀마는 아직 교통수단을 자국에서 생산하지 않고 있다. 어쩌면 생산하지 못한다고 하는 것이 더 맞을지도 모르겠다. 그러다 보니 외국에서 들여오는 것이 전부인데, 대부분이 새것이 아니라 누군가 사용했던 중고 물품들이다. 우리나라에서도 수출한 차량이나 기차 등이 미얀마에 다니고 있는데, 그것을 볼 때마다 '여기가 한국인가?' 하는 착각도 문득 들 때가 있다.

그렇게 들여온 교통수단을 있는 그대로 사용하는 것도 있지만, 미얀마 특성에 맞게 개조해서 사용하는 것도 제법 볼 수 있다. 이번 장에서는 미얀마에 다니고 있는 다양한 교통수단에 대해서 크게 여덟 분류로 구분해서 살펴보고자 한다.

① 기차 - 느림의 미학인가? 시대의 뒤떨어짐인가?

영국이 세계를 호령할 수 있었던 것은 산업혁명 때 발명되었던 기차가 있었기 때문이다. 그만큼 교통에 있어서 기차가 차지하는 영향력은 상당히 크다. 그런 상황을 반영하듯 어느 나라가 되었건 철도가 발달하는 곳에는 큰 도시가 만들어지고 사람들의 왕래도 잦아지곤 했다.

미얀마에도 영국의 영향을 받았는지는 모르겠지만 철도가 제법 많은 곳에 걸쳐서 깔려있다. 단순히 철도 연장만 따지고 본다면 우리나라보다 더 길게 느껴지기까지 한다.

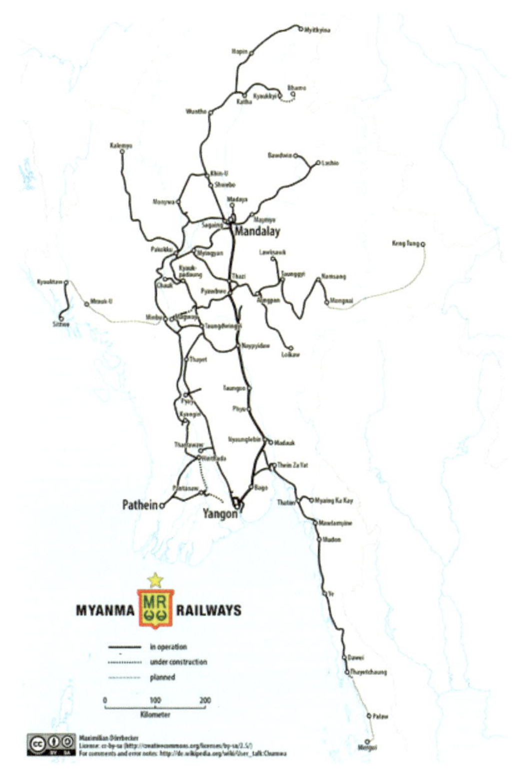

🦋 그림 6. 1. 미얀마 전국 철도 노선도[7]

---

7 출처: en.wikipedia.org/wiki/Myanmar_Railways#/media/File:Railway_map_of_Myanmar.png

미얀마의 철도 노선도를 보면 전 국토에 걸쳐서 웬만한 지역까지는 철도망이 다 구축된 것을 볼 수 있다. 하지만 대부분 철도는 단선 철도로, 아직까지 전기 설비가 갖춰진 철도 또한 찾아볼 수 없다. 물론, 전기 사정이 좋지 못한 나라의 영향도 있겠지만, 대부분 철도가 단선 철도라는 것은 그만큼 철도를 운행하는 데 있어서 제한 사항이 많다.

우리나라의 경부선 격인 양곤에서 만달레이를 잇는 철도 구간이 장거리 노선 중에서 유일하게 복선 구간으로, 다른 노선들과 선의 굵기가 차이가 있음을 알 수 있다. 그리고 양곤 시내를 순환하는 양곤 순환선이 양곤–만달레이선과 유이하게 복선 철도 구간이다.

1) 기차의 안전문제 기차 주변

미얀마의 철도는 우리가 생각하는 것보다 훨씬 노후화가 되어있는데, 그것은 기차의 속도에도 큰 영향을 미친다. 양곤에서 만달레이까지 약 700km. 통상 이 정도 거리라면 아무리 오래 잡아도 10시간 이내면 도달할 것으로 생각할 수 있다. 하지만 미얀마에서는 이 거리를 달리는 기차가 약 14시간 이상의 시간에 걸쳐서 달려야 한다.

이는 표정속도로 치면 50km/h 정도 간신히 나온다. 간선구간을 달리는 기차의 표정속도라고 하기에는 너무도 느리다. 다른 노선은 마주 오는 기차와 피하는 시간까지 고려해야 하기 때문에 이

보다 표정속도가 더 느리면 느렸지, 빠르기는 어려울 것이다. 여기에 출입문이나 창문이 없어서 추락의 위험성이 항상 도사리고 있는 곳도 기차다.

그림 6. 2.와 같은 기차는 대부분 양곤 순환선에 투입되는 기차로 표정속도가 20km/h 남짓한 더 느린 기차다. 이렇게 출입문이 열려있다 보니 역에 거의 다다랐을 때 완전히 정차도 하지 않은 상태에서 승차장으로 뛰어내리는 사람들도 볼 수 있다. 나아가 승차장이 없는 반대편 선로로도 내리는 사람들이 있어서 상당히 위험해 보였다.

물론, 기차 속도가 느리고 지속적으로 경적을 울려줘서 반대편에 오는 기차를 보고 피할 시간이 충분히 확보될 수 있다. 하지만 반대편 선로에 내리는 그 행위 자체가 상당히 위험한 것이라서 해서는 안 되지만, 기차에서 느꼈던 미얀마인들은 한 치의 망설임도 볼 수 없었다.

철도 선로는 자갈과 침목 그리고 레일 등으로 이루어진 복합체다. 일반 도로와 달리 지면이 평평하지 않기 때문에 발을 디딜 때 특히 조심해야 한다. 조금만 헛디뎌도 바로 다칠 수 있기 때문이다. 게다가 미얀마인의 경우 신발이 대부분 슬리퍼 형태(3장에서 언급한 쪼리)라서 뛰어내릴 경우 발목을 접질리기 쉽다.

이런 이야기를 언급한 이유는 기차가 지면에 거의 붙어있는 노면전차가 아니기 때문이다. 따라서 승차장이 아닌 경우 뛰어야 하는 상황이 발생할 수밖에 없다. 심지어 기차가 완전히 멈추지도 않았는데 말이다. 즉, 크고 작은 위험이 도사리고 있는데, 그것이 아무렇지 않게 일어나고 있는 점이다.

이를 방지하기 위해서는 반드시 출입문이 있어야 하지만, 최근에 도입되고 있는 출입문이 있는 열차도 무슨 이유에서인지 출입문을 열고 다니고 있다. 그나마 장거리 열차의 경우 출입문을 닫고 운행하는 열차의 빈도가 높아지고 있어서 안전에 대한 미얀마인의 인식도 바뀌는 것이 아닌가 조심스럽게 기대해볼 수 있게 해주었다.

2) 기차의 안전문제 선로 주변

한편, 이보다 더 위험한 문제는 기차 주변보다 선로 주변에 있다. 한때 우리나라 영화나 드라마에서 남녀 간의 사랑을 그릴 때

선로 위를 걷는 모습을 볼 수 있었다. 사실 이러한 행위는 상당히 위험하여서 법으로도 금지된 행위다.

기차의 경우 가·감속이 자유롭지 못하기 때문에 속도 제어가 쉽지 않다. 그래서 기관사가 멈춰야 함을 인지했을 때는 이미 늦은 것이나 다름없다. 따라서 선로 주변에 사람이 있으면 자살행위라고 봐도 무방한 것이다. 부득이하게 선로를 건너야 할 경우 철도 건널목이 자리 잡고 있는 것도 기차의 가·감속 문제 때문이다.

요즘 만들어지는 선로의 경우 고가 형태나 지하로 만들어서 철도 건널목도 될 수 있으면 만들지 않고 있을 정도로 선로에 접근하는 것을 거의 원천 차단하는 모습도 우리나라에서는 쉽게 볼 수 있다. 한편, 철도 건널목을 한 블록에 하나씩 볼 수 있을 정도로 많은 일본에서도 고속열차인 신칸센만큼은 도로와 교차해야 하는 지점에 반드시 고가 또는 지하로 통과하도록 설계했을 정도다.

하지만 미얀마의 경우 선로 주변을 통제하거나 완전히 별도로 분리된 시설물 등을 찾기가 어렵다. 그래서인지는 모르겠지만, 미얀마 선로는 마치 우리나라의 자전거 도로 같은 느낌이 물씬 든다.

기차가 다니지 않을 때 선로를 따라서 걷는 영화에서나 볼 법한 장면이 눈 앞에 펼쳐지기도 하고, 선로를 파울라인으로 삼아 축구를 하는 사람들도 있다. 더위를 피해 선로를 침대로 활용하는 사람들도 볼 수 있으며, 앞에서 언급했지만 선로를 끼고 시장이 형성되기까지 한다.

아무리 기차가 천천히 달린다고는 하지만, 그 엄청난 중량의 물체가 사람과 부딪힌다면 사람에게는 엄청난 충격이 가해지게 된다. 다시 말하면 인명피해 문제가 발생할 소지가 충분히 있다는 뜻이다. 당연히 심각한 사회적인 문제로 받아들여질 것이고, 그와 관련된 내용을 양곤역 벽보에서 찾을 수 있었다.

알아보기 쉽게 그림으로 나타내었는데, 과연 이런 일이 진짜 발생할지 의문이 들 정도로 상식에서 벗어난 행위들이 많이 보인다. 그리고 그림에 나타난 이 행위들은 실제로 기차를 타면서 쉽게 볼 수 있었던 장면들이기도 했다.

그림 6. 3. 선로 주변의 위험성을 알린 벽보

그림 6. 4. 선로 주변 안전문제

미얀마의 기차도 우리나라와 마찬가지로 일본의 영향을 받았다. 그래서 기차는 도로의 통행 방향인 우측통행이 아니라 일본과 마찬가지로 좌측통행을 하고 있다. 즉 그림 6. 4.는 기차 맨 뒤쪽에서 찍은 사진으로, 기차가 지나간 이후 선로 주변에 있는 사람들의 모습을 볼 수 있다.

한두 명이면 철도 건널목이 없다 보니 선로를 건넌다고 생각할 수도 있다. 하지만 수많은 사람이 선로에 자리 잡고 앉아있기까지 한 이런 모습은 우리나라에서는 불가능하거니와 했다가는 경찰서에 불려갈 위험한 행위다.

하루아침에 미얀마 선로 주변 모습이 바뀌기는 어렵겠지만, 미얀마 국민들이 선로 주변의 위험성을 스스로 인지하도록 유도할 필요가 있다. 그래서 선로에 들어가는 행위를 자제할 수 있게 서서히 바꿔나가야 양곤역에 붙은 벽보와 같은 내용은 추억으로 기억될 수 있을 것이다.

3) 기차의 노후화

미얀마의 기차는 자동차와 마찬가지로 대부분이 외국에서 사용했던 기차를 수입해온 것이다. 사람도 나이를 먹으면 아픈 곳이 많아지듯, 기계도 오래 사용하면 사용할수록 고장 나는 부분이 많아진다. 그리고 교체할 수 있는 부품 역시 더 이상 구하기 어렵거나 부품 순환 주기가 길어져 품질이 저하될 수밖에 없다. 이는 부품이 고장 난 채로 그대로 사용하거나 비슷해 보이는 다른 부품을 사용하는 일까지 발생시킨다.

사람을 비롯한 생명체는 같은 기능을 하는 장기라고 하더라도 자신의 것이 아니면 거부반응을 일으킨다. 하물며 기계도 자신의 부품이 아닌 다른 부품을 사용하면 기계 수명이 급격히 짧아지기 마련이다. 이는 곧 안전문제로도 이어질 수밖에 없다.

눈에 보이지 않는 기계뿐만 아니라 실내의 모습도 빨리 바뀌어야 할 부분이 한두 가지가 아니다. 우리나라도 기차를 보면 기차 자체는 연식이 오래되었지만, 주기적으로 실내 인테리어 및 내장재를 교체한다. 그만큼 실내 인테리어나 내장재는 기계 수명보다 더 짧은 것을 알 수 있다. 다르게 말하면 사람의 손을 많이 타기 때문에 빨리 닳고 있는 것이다.

그림 6. 5.를 보면 의자가 상당히 낡은 것을 볼 수 있다. 페인트칠을 했지만, 그것도 시간이 지남에 따라서 다시 다 벗겨져 버렸다. 그러나 다시 페인트칠을 하지 않고 그 상태 그대로 운행 중이다. 나무 재질의 의자에다가 창문이 없어서 비가 내리면 족족 의자가 젖는데, 부식이 훨씬 빨리 진행될 것으로 생각된다. 곳곳에 갈라진 부분 역시 신경 쓰이는 부분이다.

바닥 역시 마찬가지다. 나무로 만들어진 재질. 그러나 부식 방지를 위한 어떤 작업도 여기서는 확인하기가 어려웠다. 기차에 올라서 직접 바닥을 보면 못이 튀어나온 것을 시작으로 나무 간 높이가 안 맞아서 발을 다칠 위험도 잠재되어 있다. 거기에 부식으로 인해 약해진 나무 바닥을 잘못 밟아서 부러지기라도 한다면 구멍 난 기차를 타게 되는, 웃지 못할 일이 벌어진다.

이 또한 안전문제와 직결되는 문제다. 승객이 많이 없을 때는 하중을 이겨내기에 충분하겠지만, 만원인 열차일 때는 곳곳에서 안전문제가 내재되어 있는 미얀마 기차다. 특히, 양곤 순환선과 같이 로컬 열차의 경우 출입문이 없는 열차가 많기 때문에 승객이 많을 때 추락의 위험 또한 도사리고 있다.

놀라운 것은 이렇게 많은 위험이 내재되어 있지만, 기차를 이용하는 미얀마인들은 아주 평온하게 기차를 타는 것이었다. 우리나라 사람들이 북한의 위협에도 큰 반응을 보이지 않는 것과 상당히 유사해 보였던 장면이다. 그런 것을 보면 사람은 주어진 환경에 상당히 잘 적응하는 것이 아닌가 싶기도 했다.

물론 중고 기차이기는 하지만, 최근 들어서 새로운 기차로 계속 대체해 나가는 모습을 볼 수 있었다. 그리고 일회성이 아니라 지속적으로 대체해 나가서 그림으로 봤던 위험해 보이는 열차는 점차 미얀마에서도 사라질 것으로 보인다. 물론, 새것이 무조건 좋다고는 하기 어렵지만, 안전에 심각한 문제가 될 수 있는 것을 그대로 사용하는 것 또한 좋다고 할 수는 없다. 하지만 이것 또한 잘 활용한다면 분명 기대 이상의 성과를 가져올 수 있다. 그것을 잘 보여주는 곳이 일본이다.

복고풍이 불고 있는 일본 기차도 예전에 활동했던 기차를 사용하긴 하지만, 실내 인테리어를 비롯해서 기차의 엔진까지 어느 한 나라도 기존에 써 왔던 것을 아직까지 그대로 사용하는 것은 없다. 과거를 추억하기 좋게 외관은 그대로 유지하되, 승객에게 직접적인 영향을 미치는 것은 현대식으로 바꾸었다. 그래서 지금까지 별 탈 없이 운행이 가능한 것으로 생각된다.

따라서 미얀마에서도 무조건 예전 것을 없애기보다는 이런 식으로 과거를 추억할 만한 여지를 남겨두는 것이 철도 발전에도 필요한 작업이 아닌가 싶다. 세대 간 공감을 할 수 있는 요소가 부족할 때 같은 공간에서 함께 볼 수 있는 것이 있다면 분명 세대 간 갈등도 해소할 수 있는 매개체가 될 수 있음을 믿는다.

우리나라는 과거의 것을 남기지 않고 무조건 새것으로 일괄 대체하는 경향이 강하다 보니 세대 간 서로 공감할 것이 없다. 그 점이 항상 아쉬웠는데 과연 미얀마의 철도 정책은 어느 나라에 더 가깝게 갈지 궁금해진다.

② 택시 - 또 다른 법이 존재하는 새로운 공간

도로에서 가장 빠른 시간 내에 교통수단으로 자리 잡을 수 있는 것이 택시다. 많은 사람이 한 번에 이용하기에는 어려워서 대중교통이라고 부르기에도 모호한 택시. 하지만 인구도 많지 않고, 유동인구도 그렇게 많지 않은 중소 도시에서는 택시만큼 효율적인 교통수단이 없다.

우리나라는 모든 택시에 미터기가 달려있다. 그 미터기가 작동하면 택시에 손님이 있다는 것도 알 수 있다. 즉, 미터기가 작동하지 않을 때 비어있는 택시임을 밖에서 보면 다 알 수 있다. 또 미터기를 통한 요금 산정방식에서도 완전히 동일하지는 않지만, 기준요금을 산정할 수 있다. 누가 타는가에 상관없이 일정 거리를 일정 시간에 도착하면 거의 비슷한 요금이 나오는 일종의 규칙이 있다고 할 수 있다.

그런데 미얀마의 택시는 우리나라와 조금 다르다. 우선 미터기가 존재하지 않는다. 그러다 보니 택시가 비어 있는지 아닌지 밖에서는 알 수가 없다. 그래서 택시를 잡으려고 할 때 보이는 택시마다 손을 들어 타겠다는 의사를 표시하는 모습을 도로에서 많이 마주할 수 있다.

택시기사 역시 손으로 손님이 있음을 알리는 수신호를 보내는 것도 재미있는 장면이다. 미얀마의 택시는 대부분 양곤에 집중되어 있으며, 양곤을 벗어나면 택시 보는 것이 하늘의 별 따기만큼 힘들다. 이는 가장 기본이 되는 교통수단인 택시조차 보기 힘들 정도로 미얀마에서는 이동 자체에 어려움이 많은 것을 보여주는 장면이기도 하다.

한편, 자동차와 마찬가지로 택시 역시 대부분이 일본에서 넘어온 중고차다. 즉, 운전대가 우측에 있어서 앞자리에는 거의 탑승이 불가능하다. 간혹 일행이 많아서 앞자리에 앉아야 할 때는 차선을 넘어가서 타야 하는 위험함도 있다. 택시 차량 역시 일본에서 택시로 사용하던 차량이 아니고, 짐을 많이 실을 수 있는 SUV 비슷한 유형의 차량이 대부분이다.

그림 6. 6. 미얀마의 택시

미얀마 택시는 절반 정도가 그림 6. 6.과 같이 차량 전체에 래핑 광고를 붙이고 다니는 것을 볼 수 있다. 버스나 기차 등이 절대적으로 부족한 상황에서 시내를 많이 누빌 수 있는 또 다른 교통수단인 택시를 광고판으로 활용하고 있는 모습이다. 그래서 멀리서 보면 저 차량이 택시인지 일반 차량인지 구분이 잘 안 되는 것도 사실이다.

우리나라도 택시는 비싼 교통수단이기에 일반적으로 다른 대중교통을 이용하는데, 미얀마인들도 될 수 있는 대로 택시 외의 교통수단을 이용하려고 한다. 그럼 미얀마에 다니고 있는 택시의 주고객은 누구일까? 바로 관광을 온 외국인이거나 현지에 사는 외국인 거주자다. 물론, 현지인들도 택시를 이용하는 경우를 종종 볼 수 있지만 흔한 모습은 아니다. 그러한 영향으로 택시기사들은 영어로 의사소통이 제법 된다.

　여기서 궁금해질 만한 것이 하나 있다. 바로 택시요금. 과연 미얀마 택시는 어떤 방식으로 요금을 산정할까? 여기에는 보이지 않는 담합이 들어있다. 미터기가 없기 때문에 택시기사가 부르는 값이 곧 택시요금이다. 그러다 보니 누가 타느냐에 따라, 어떤 기사냐에 따라 택시요금이 천차만별이다.

　우리나라도 지금은 많이 나아졌지만, 예전에는 외국인만 보면 일명 뼝튀기를 하는 좋지 못한 일들이 뉴스에 나오곤 했다. 그 모습이 미얀마 택시에서 일어나고 있다. 특히, 지리를 모르는 외국인의 경우 요금의 두 배, 심할 경우 세 배까지 뼝 튀겨서 부르는 악덕한 기사들도 있다. 물론, 미얀마 현지인들과도 500짯[8]을 더 주니 마니 하면서 언쟁을 벌이는 장면도 종종 볼 수 있다.

　택시요금의 경우 미얀마에 두세 달 정도만 있어 보면 요금에 대한 정보가 어느 정도 쌓여서 대략 얼마까지 깎을 수 있는지 흥정할 힘이 생긴다. 마치 약속이라도 한 듯 기준을 잡아서 요금을 부르기 때문이다. 암묵적인 기준이 된 그 이하로 부르면 택시가 뒤도 돌아보지 않고 가버린다. 반대로, 처음부터 기준이 된 금액보다 2,000짯 이상 부를 경우 승객이 뒤도 돌아보지 않고 다른 택시를 잡는 경우도 있다.

8　Kyat: 미얀마 화폐단위, 우리나라 '원'과 거의 1:1 비율이다.

사실 택시를 흥정해서 탈 경우 기사의 성질만 돋우는 역효과가 있어서 협상하지 않고 다른 택시를 잡는 것이 더 현명하다. 다른 도시라면 택시가 희귀해서 울며 겨자 먹기로 타야 할 경우가 많지만, 적어도 양곤에는 택시가 많으므로 굳이 협상할 필요가 없는 것이다. 양곤의 택시들은 경쟁이 심해서인지 최근에는 외국인을 상대로도 그렇게 많은 요금을 부르지 않는 추세로 바뀌고 있다. 바꿔 말하면, 그만큼 외국인들 사이에도 택시요금에 대한 정보가 공유되고 있음을 알 수 있다고 볼 수 있다.

우리나라와 마찬가지로 미얀마에도 영업용 차량과 일반 차량의 번호판 색이 다른데, 영업용 차량인 택시의 경우 빨간 바탕의 번호판을 사용하고 있다. 일반 차량은 검은 바탕의 번호판이라 관심 있게 번호판을 지켜본다면 택시의 번호판이 일반 차량보다 눈에 잘 띈다.

그림 6. 7. 미얀마 택시 번호판과 일반 차량의 번호판

요금이 결정된 상황에서 택시를 타는 것은 의외로 좋은 점도 발견할 수 있다. 그것은 택시기사가 다른 길로 빠지지 않고 최대한 빨리 목적지까지 움직이는 것이다. 미터기의 경우 시간이 흘러도 요금이 오르기 때문에 악의를 가지고 밀리는 길만 찾아다니면 같은 거리라도 요금이 천차만별 차이가 날 수 있지만, 이미 흥정한 가격으로 갈 때에는 굳이 돌아갈 필요가 없다. 오히려 시간이 오래 걸리면 한 사람이라도 더 태울 기회가 없는 택시기사가 손해다.

그런 점을 인지하고 있으므로 택시기사들은 보다 빨리 가려고 이 골목 저 골목을 헤집고 다니기도 한다. 한편, 이렇게 빨리 가는 것은 좋지만, 그만큼 운전이 난폭해지는 것도 느낄 수 있는데, 욱하는 성질로 인해 택시기사들끼리 서로 싸우는 일도 빈번하게 일어난다. 택시에도 양면성이 있는 것을 알 수 있는 미얀마 택시의 모습이다.

③ 버스 - 살아 움직이는 박물관들

미얀마의 다른 지역은 버스를 보기가 힘들지만, 양곤은 휴대폰 앱까지 있을 정도로 버스가 제법 발달했다. 그런데 양곤에 버스가 지금처럼 체계가 잡힌 노선버스로 다닌 것은 불과 1년(2017년 기준)도 되지 않았다. 그래서인지 양곤에 다니고 있는 버스는 같은 노선임에도, 박물관에서나 볼 수 있다던 오래된 버스부터 지금 우리나라에서 운행 중인 동일한 모델의 신형 버스까지 아주 다양하게 운행하고 있다.

그림 6. 8. 양곤의 오래된 시내버스

그림 6. 9. 양곤의 신형 시내버스

버스에 따라서 느낄 수 있는 분위기도 완전히 다르다. 우리나라의 경우 예전에 뒷문 근처에서 '오라이'를 외치던 버스안내양(또는 버스 차장)이라 불리는 직업이 있었다. 버스 기사를 보조해서 버스요금을 징수하고 버스의 안전을 담당하던 직업으로, 버스에서 볼 수 없는 사라진 직업이 되었다.

  이 직업이 사라진 이유는 이 직업 자체가 위험하기도 하거니와 문도 자동문으로 바뀌고, 버스요금도 카드로 결제가 가능해졌기 때문이다. 물론, 현금을 내더라도 잔돈을 버스 기사를 통해 금방 받을 수 있기 때문에 안 그래도 부담스러운 인건비를 들여가며 버스안내양을 고용할 이유가 없어졌기 때문이기도 하다.

  그렇게 우리나라에서 사라진 직업인 버스안내양, 이름에서 알 수 있듯 여성들이 이 업무를 해왔었다. 그 모습을 미얀마의 오래된 버스에서 볼 수 있다. 대신 여성이 아니라 남성이 그 업무를 대체했기에 버스안내양이 아니라 버스안내군이라고 표현하는 것이 더 맞을지도 모르겠다. 아니, 버스 차장이 더 어울릴 것 같다.

그림 6. 10. 미얀마판 버스 차장

버스 안에서 일하는 버스 차장은 일본에서 넘어온 중고 버스에서 주로 볼 수 있는데, 이들의 역할은 우리나라의 버스안내양이 했던 업무와 거의 같다. 따로 방송안내가 없기 때문에 정류장에 대한 정보를 말해주며, 승객들이 버스를 탈 수 있게 정류장에서는 주요 행선지를 끊임없이 얘기해주고, 버스 기사가 출발하게 신호를 넣어주는 한편, 승객들에게 버스요금을 징수하기까지 한다. 나아가 버스가 차선을 바꿀 때 수신호까지 넣어주며 버스가 안전하게 차선을 바꿀 수 있게 유도해준다.

이들은 버스가 한 번 운행하기 시작하면 정말 바쁜 일과가 진행된다. 앞서 말했던 일들을 한 사람이 진행해야 하기 때문인데, 자동화로 바뀐 우리나라의 버스들이 얼마나 많은 일을 줄여준 것인지 알 수 있는 장면이기도 하다. 특히, 버스에 승객으로 가득 찼을 때는 버스 출입문에 거의 매달려서 가는 위험한 장면도 보여준다.

그런 측면에서 미얀마 버스도 현대식으로 바뀌는 모습은 안전문제를 고려했을 때 상당히 바람직스러워 보인다. 2017년부터 본격적으로 도입되기 시작한 중고 버스들은 운전대가 오른쪽에 있는 일본 차량보다 한국, 중국, 나아가 독일 버스까지 그 영역을 확대하고 있었다. 특히, 우리나라에서 지금 운행하고 있는 시내버스를 미얀마 현지에서 그대로 탈 수 있다 보니 그 버스를 탔을 때는 한국에 온 것이 아닌가 착각이 들 때도 있다.

양곤의 버스요금은 거리와 관계없이 200짯으로 균일하다. 물론, 일부 장거리를 운행하는 간선버스의 경우 300짯을 받는 구간이 있기도 하다. 오래된 버스의 경우 버스 차장이 있어서 500짯이나 1,000짯을 지불하더라도 금방 거스름돈을 주지만, 운전기사만 있는 신형 버스는 거스름돈을 받는 것이 쉽지 않다. 왜냐하면, 미얀마 화폐에는 동전이 없기 때문에 거스름돈을 우리나라처럼 운전기사가 요금함에서 스위치를 눌러서 잔돈을 거슬러 주는 것이 어렵기 때문이다.

그렇지 않아도 액면가가 적은 돈은 유통이 잘되지 않고 있는데, 버스요금마저 200짯 지폐(미얀마는 우리나라와 달리 200짯 지폐가 존재한다)를 사용해야 하기에 액면이 적은 돈의 품귀현상은 배가된다. 택시비 또한 500짯 지폐를 들고 다니지 않다가 택시기사가 없다고 해버리고 돈을 거슬러주지 않는 경우가 빈번하므로 부피가 커지더라도 액면가가 적은 지폐를 보유할 필요가 있다.

양곤의 시내버스 체계는 휴대전화로 비교하면 폴더폰에서 갑자기 4G 인터넷 사용이 가능한 스마트폰으로 바뀐 것과 같다. 그 정도로 중간 단계를 밟아가며 점진적으로 바뀌기보다 급격히 바뀌고 있다. 그래서 우리나라와 비교했을 때 조금은 어색한 면이 없지 않다. 특히, 버스 정류장에 적혀있는 버스 행선지 안내판은 우리나라 사람들에게 착각을 불러일으키게 해준다.

그것은 우리나라에서 정류장에 표시된 버스노선은 이 정류장에 정차하는 버스들만 표시해놓는 반면, 양곤의 버스 정류장은 양곤 시내의 모든 버스를 다 적어놓았기 때문이다. 특히, 미얀마 숫자와 미얀마어로만 적혀있기 때문에 외국인이 보기에는 그냥 정보를 알 수 없는 그림에 불과하다. 정류장에 정차하는 버스는 전체 노선 위쪽에 표시된 숫자에 한해서다.

물론, 우리나라처럼 모든 버스에 GPS가 장착되어 실시간 도착을 알 수 있는 것까지 기대해서는 안 된다. 첫차와 막차 시간 역시 알 수 없고, 버스 배차 간격 또한 운행하는 버스 회사 마음이다. 같은 노선이라도 회사가 다른 경우가 있어서 한꺼번에 동일 노선이 줄지어 다니는 모습도 쉽게 볼 수 있다.

이는 버스 준공영제가 되기 이전 서울의 모습을 그대로 옮겨놓은 것 같다. 환승 체계도 없고 노선 중첩도 많다 보니 승객 한 명이라도 더 확보하기 위해서 위험하게 추월을 해가며 운행하던 서울 시내버스의 모습이 그대로 미얀마 양곤에서 재현되고 있다. 사람이 많아서 앞서 언급한 대로 매달려가는 사람들은 거의 목숨을 내놓고 버스를 타고 다닌다고 해도 과언이 아니다.

한편, 양곤 시내버스도 노선 관련 앱이 존재하는데, 바로바로 업데이트가 되지 않아서 노선이 바뀌었는데도 그 정보를 모두 담지 못하고 있는 경우가 많다. 이는 잘못된 정보로 인해 앱 이용자에게 혼란을 주기 쉽다. 물론, 여기도 GPS를 장착한 버스가 없으므로 실시간 버스 위치에 대한 정보는 찾기 어렵다. 우리나라 버스 체계가 얼마나 대단한지는 외국에 나가보면 바로 알 수 있다.

최근에 도입되고 있는 버스들 가운데서는 우리나라에서 흔히 볼 수 있는 카드 결제 단말기도 볼 수 있다. 여전히 대부분의 사람이 요금을 현금으로 내고는 있지만, 간혹 카드 결제를 하는 승객들도

볼 수 있다. 미얀마에서는 일상에서도 카드 결제를 쉽게 보기 힘
든데, 버스에서 벌써 카드 결제를 할 수 있는 시스템이 있다는 것
도 놀라운 일이다. 우리나라의 60년대부터 현재의 모습까지 약
50여 년에 걸친 변화 과정을 같은 시기에 볼 수 있게 된 셈이다.

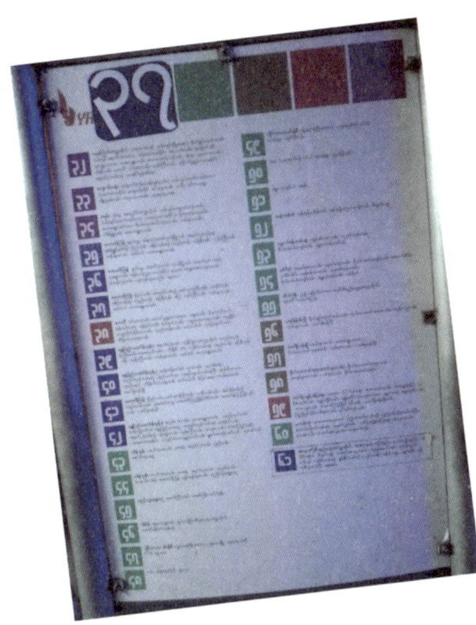

그림 6. 11. 양곤 버스
정류장 안내판

그림 6. 12. 양곤
시내버스 카드 단말기

앞서 잠깐 언급한 적이 있었지만, 대부분 시내버스에서 실내 안
내방송이 나오지 않는다. 그래서 다음 정류소에 대한 안내를 받을
수 없다. 차장이 있는 버스의 경우는 차장이 안내를 해주지만, 기
사만 운행하는 버스에서는 기차와 마찬가지로 자기가 내려야 할
정류장을 알아서 잘 찾아서 내려야 한다.

그래서 마음 놓고 버스 안에서 독서를 한다든지, 음악을 들으며
게임을 한다든지 다른 행동을 하기가 쉽지가 않다. 물론, 초행길
인 사람은 불안감에 버스에서 온 신경을 다 써버릴지도 모르겠다.
하지만 이는 그렇게 오래가지 않을 것 같다. 왜냐하면, 일부 노선
에서는 차내 안내방송을 도입한 버스도 있고, LED 안내판을 활
용해서 정류장에 대한 정보를 띄워주고 있기 때문이다. 이것을 다
갖춘 버스는 정말 우리나라에서 운행 중인 시내버스와 다를 것이
전혀 없어 보였다.

그림 6. 13. 버스 정류장 정보안내

④ 오토바이 - 개조의 천국 미얀마

 자동차를 타기에는 비용이 많이 들어가고, 자전거를 타기에는 너무나 더운 동남아시아에서 오토바이는 교통수단 그 이상의 역할을 한다고 봐도 과언이 아니다. 특히, 바퀴가 둘 뿐이라서 폭이 차에 비해서도 훨씬 좁기 때문에 좁은 골목길에서도 자유자재로 큰 불편함 없이 다니는 것이 오토바이다. 그런데 양곤을 와 본 사람이라면 이 오토바이를 볼 수 없어서 의아해했을지도 모르겠다.

 다른 나라와 달리 미얀마 양곤, 그중에서도 도심에는 오토바이의 통행을 금지했기 때문인데, 이로 인해 5장에서 언급한 것같이 미얀마 다른 지역에서 보는 도로의 모습과 양곤에서 보는 도로의 모습은 같은 나라가 아닌 것 같다.

그림 6. 14. 양곤 외 지역에서 쉽게 볼 수 있는 오토바이

1) 앞은 오토바이 뒤는 트럭

 이렇게 특정 지역에서 제한받고 있는 오토바이지만, 미얀마 다른 지역에서는 다양한 모습으로 변화한 오토바이를 볼 수 있다. 그중에서 단연 눈에 띄는 것은 오토바이의 뒤쪽을 개조해서 사용 중인 트럭이다. 오토바이의 바퀴는 2개여야 한다는 일종의 상식을 깨는 신개념 오토바이가 아닐 수 없다.

이 역시 트럭을 사기에는 부담스럽고 운전하기가 불편하지만, 한 번에 많은 짐을 실어나르거나 승용차와 같이 사람을 태워야 할 때 이렇게 개조한 트럭이 유용하게 활용되고 있다. 물론 양곤에서는 보기가 힘들지만, 양곤만 벗어나도 생각보다 쉽게 접할 수 있는 트럭이다. 그러나 속도는 일반 트럭에 비해 상당히 느린 편이다.

오토바이를 트럭으로 개조해서 사용하는 예도 있지만, 오토바이 그대로를 활용해서 택시로 운용하는 예도 많이 볼 수 있다. 양곤을 벗어나면 택시를 구경하는 것도 매우 어려운 일인데, 그렇다고 버스가 발달하거나 개인 차량이 많은 것도 아니다. 그럼 가질 수 있는 의문이 바로 다른 지역 사람들은 어떤 교통수단을 이용해서 다니는가다. 사람이 생활하기 위해서는 반드시 이동이 필요하기 때문이다. 그것이 짧은 거리가 되었든, 긴 거리가 되었든 상관없이 말이다.

한편, 앞이 오토바이는 아니지만, 경운기를 이용해서 트럭이 된 복합 차량도 있다. 경운기보다는 더 많은 화물을 적재할 수 있고, 역시 사람을 태워도 문제가 없을 것 같은 이 경운기 트럭. 소리는 분명 시골에서 듣던 경운기 소리인데, 모양은 트럭의 모양을 하고 있어서 이 또한 신기하게 보였던 차량이다.

2) 오토바이 택시

트럭 외에도 또 다른 개념의 개조를 한 곳이 미얀마다. 바로 오토바이를 활용해서 택시처럼 사용하고 있는 것이었다. 오토바이에는 별도로 미터기를 달기가 어려운 데다가 설치할 공간도 없다. 즉, 오토바이 택시를 타기 전에 미리 요금 흥정을 하고 이용을 하게 된다. 미얀마 택시 역시 미터기가 없기 때문에 이런 과정을 거쳐서 택시를 이용하게 되는데, 미얀마인들이 거기에 익숙해져 있어서 오토바이 택시 역시 자연스럽게 자리 잡을 수 있지 않았나 싶다.

오토바이 택시기사에 따라서 승객에게도 헬멧을 씌워주는 기사가 있는가 하면 기사 자신도 헬멧을 쓰지 않는 경우도 있다. 마치 안전띠를 하지 않은 택시기사들과 흡사하다. 오토바이 택시는 일반 택시보다 속도를 내기가 어렵기 때문에 빠른 이동을 기대하는 것은 어렵다.

같은 거리라도 일반 택시보다 30~50% 정도의 시간이 더 소요되기 때문에 이동 시에 시간 계산을 잘할 필요가 있다. 오토바이를 타본 적이 있는 사람이라면 큰 문제가 되지 않겠지만, 오토바이를 처음 타거나 운전만 해 본 사람이라면 뒷자리가 여간 불편한 것이 아니다.

오토바이를 미얀마에서 처음 접했던 필자의 경우 손을 어디에 둬야 할지도 모르겠고, 그렇다고 손을 자유롭게 놔두자니 중심을 못 잡고 넘어질 것 같은 느낌이 강해서 이러지도 저러지도 못하다가 기사의 어깨에 놓거나 의자 뒤쪽 아래에 있는 손잡이를 겨우 찾아서 잡고 간 기억이 있다.

특히, 코너를 돌 때는 넘어질 것 같은 불안감에 발이 저절로 떨어지기도 했지만, 그것은 단지 익숙하지 않았기에 발생했던 해프닝에 불과했다. 왜냐하면, 이미 앞에서 기사가 중심을 다 잡아주고 있기 때문에 멈췄을 때도 중심 잡기에는 전혀 불편함이 없었던 것이었다.

일반 택시를 타기에는 요금이 부담스럽지만, 그래도 조금 빠른 이동이 필요할 경우, 또 버스를 비롯한 다른 대중교통수단이 없어서 선택의 여지가 없을 경우에 오토바이 택시만큼 맞춤형 교통수단은 찾기 어려울 것이다. 있는 자원인 오토바이를 활용해서 또 다른 돈벌이 수단으로 활용하는 것이 참으로 기발한 아이디어가 아닌가 싶다.

3) 오토바이 버스

　오토바이를 트럭으로 활용하는 것은 충분히 상상이 되는 일이다. 그리고 오토바이를 택시로 활용하는 것도 다른 동남아시아에서는 흔한 일이기에 크게 놀라운 일이 아니다. 그런데 이 오토바이를 노선버스로 활용하리라고는 전혀 생각하지 못했기 때문에 신선한 문화 충격을 받았다.

🌿 그림 6. 17. 오토바이 버스

　물론, 형태는 앞서 언급했던 오토바이 트럭과 비슷한 형태다. 단지, 일정한 노선으로 움직이느냐 아니냐의 차이일 뿐이다. 하지만 오토바이를 활용한 이 버스는 마을버스와 같은 중형 버스를 운용하기에도 부담스럽고, 그렇다고 많은 승객을 확보할 수 있는 것도 아닌 중소 도시에서는 아주 유용한 교통수단이 될 수 있다고 생각되는 버스다.

특히, 도로 폭이 좁고 골목길이 많은 미얀마에 아주 적합한 교통수단이 아닌가 다시 생각해보게 되었다. 또 이 오토바이 버스를 이용하는 승객들도 꽤 있는 데다가 자연스럽게 승하차가 이루어지는 모습을 통해서 오토바이 버스가 생긴 지 꽤 오래되었음을 느낄 수 있었다.

우리나라의 경우 버스를 제조할 수 있는 기술이나 시설이 받쳐주기 때문에 마을버스라는 작은 버스가 있지만, 미얀마는 스스로 차를 제조할 수 있지 않기 때문에 기존에 있는 것을 최대한 활용하려다 보니 오토바이를 활용해서 다양한 교통수단을 만들어 나가는 것으로 보였다.

한계가 있는 곳에서 발명이 활발하게 이루어질 수 있음을 보여주는 것이 바로 미얀마의 오토바이 활용이다. 과연 처음부터 미얀마 사람들이 오토바이를 이렇게 다용도로 활용하려고 생각했을까? 모두 필요에 의해서, 또 그 필요에 맞는 무언가를 찾다 보니 생각지도 못한 것들이 생겨난 것이 아닌가 싶다.

4) 헬멧은 어디로?

미얀마의 오토바이를 잘 지켜보면 헬멧을 쓰지 않은 운전자들이 상당히 눈에 띄는 것을 알 수 있다.

우리나라도 예전에는 이렇게 헬멧을 쓰지 않고 오토바이를 타는 운전자들이 많이 있었지만, 역시 안전에 대한 인식이 달라지고 나서 오토바이뿐만 아니라 자전거까지도 헬멧을 착용하는 것을 꽤 볼 수 있다. 그러나 이렇게 헬멧이 장착되기까지는 상당히 많은 시간이 걸렸다는 것은 부인할 수 없는 사실이다.

즉, 미얀마도 지속적으로 안전에 대한 교육을 하다 보면 우리와 같이 헬멧 쓰는 것을 당연하게 여기는 날이 오게 될 것이라고 믿는다. 자동차와 달리 오토바이는 몸이 직접 위험에 노출되어 있기 때문에 그 무엇보다 안전장치가 중요하다. 그렇다고 자동차에 있는 안전벨트가 오토바이에 있는 것 또한 아니므로 헬멧의 중요성은 아무리 강조해도 지나치지 않는다. 오토바이의 활용이 다양해지는 만큼 오토바이의 수요도 늘어날 것인데, 헬멧의 수요도 그만큼 따라가는 문화의식이 자리 잡기를 기대해본다.

그림 6. 18. 헬멧을 안 쓴 운전자들

⑤ 싸이카 - 오토바이를 대체하는 도심의 서민 교통수단

미얀마에는 있지만, 우리나라에서 볼 수 없는 교통수단이 있다. 그것은 자전거 택시로 분류될 수 있는 싸이카다. 엄밀히 말하면 양곤에는 있고, 다른 지역에서는 보기가 힘든 교통수단이라고 할 수 있다. 가만히 서 있어도 무더운 양곤에 다른 교통수단도 아닌 자전거로 사람을 태워 나른다는 것은 듣기만 해도 고된 직업으로 느껴질 정도다. 그런데 왜 이렇게 극한의 직업이 양곤에 생겨난 것일까? 그것은 양곤 시내에 오토바이가 통행할 수 없기 때문이다.

일반적인 두 바퀴 자전거의 오른편에 의자가 달린 바퀴를 설치해서 만든 싸이카는 누구나 원하면 영업을 할 수 있는 교통수단이 아니다. 우리나라는 자전거를 따로 등록하지 않아도 이용하는 데 문제가 없다. 물론, 상업적으로 자전거를 활용할 가능성도 작거니와 그렇게 할 필요도 없기에 등록하는 절차가 생략되었는지도 모르겠다. 그러나 양곤에서 운행 중인 싸이카에는 번호판을 반드시 부착해야 한다. 즉, 자동차와 마찬가지로 번호판이 있는 엄연한 교통수단의 하나로 자리 잡았다고도 볼 수 있다.

자전거의 특성상 빨리 달리는 것은 불가능하다. 그리고 아무리 많이 타봐야 두 명 이상 탑승도 불가능하다. 그러면 이 싸이카는 누가 어떤 상황에서 이용하는 것일까? 이는 오토바이 택시와 거의 같다고 볼 수 있다. 자가용 택시를 타기에는 요금이 부담스럽고, 또 거리가 생각보다 짧아서 애매한 경우 싸이카를 대체 수단으로 이용하는 것이다.

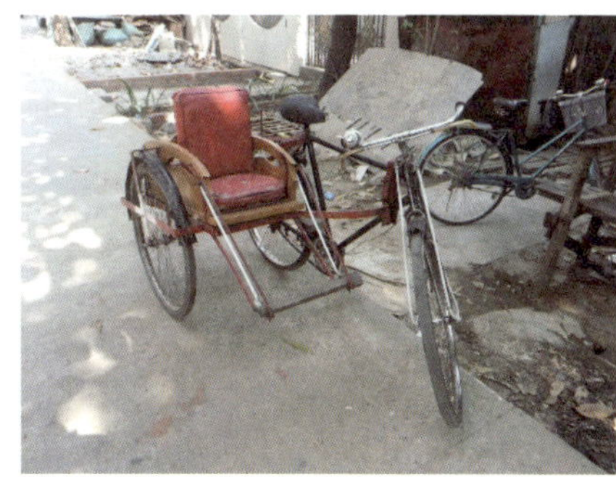

🦋 그림 6. 19. 양곤 시내에서
볼 수 있는 싸이카

🦋 그림 6. 20. 번호판을
부착한 싸이카

　한편, 짐이 많을 때 사람을 대신해서 짐을 배달하는 일도 싸이카가 하고 있다. 그래서 시장 주변에는 싸이카가 많이 대기하고 있는 모습을 볼 수 있다. 그리고 골목길과 같이 차가 들어가기 불편한 곳을 싸이카가 대신해서 들어가는 역할도 하고 있다.

　싸이카의 요금은 택시의 절반 수준이다. 역시 처음에 요금을 흥정한 후 타기 때문에 싸이카 기사는 최대한 빨리 목적지까지 운행하려고 한다. 그래서인지 싸이카 기사들은 체격에 비해 운동능력이 상당했다. 자기 자신뿐만 아니라 다른 사람이나 짐도 함께 실어 날라야 해서 업무가 곧 운동이 된다. 물론, 운동이기보다는 극한의 노동에 가까울 정도로 힘든 것을 기사의 숨소리를 통해 느낄 수 있다.

싸이카의 경우 자전거를 활용한 교통수단이기 때문에 매연이 없다. 하지만 오픈카와 같은 구조라서 비가 오면 비를 그대로 다 맞아야 하고, 차량이 내뿜는 매연도 여과 없이 바로 영향을 받는다. 또 자전거 전용도로가 없기 때문에 일반 도로를 공유할 수밖에 없는데, 이는 차량의 흐름에 방해가 될 뿐만 아니라 때로는 상당히 위험한 환경을 마주하게 된다.

특히, 햇볕이 강하게 내리쬘 때는 기사는 물론 옆에 타고 있는 승객도 힘들다. 아마도 교통수단 중에서 날씨의 영향을 가장 직접적으로 많이 받는 교통수단이 싸이카가 아닐까 생각해본다. 오토바이의 대체로 활용되는 싸이카. 그래서 다른 지역에서는 이 교통수단을 보기가 힘들다. 자전거로 아무리 빨리 움직인다고 해도 오토바이를 따라가기 어렵기 때문이다. 그리고 쉬지 않고 연속적으로 운행하는 것도 거의 불가능하므로 수익도 그렇게 높지 않다.

어떻게 보면 세상에서 가장 느리면서 가장 싼 택시가 바로 싸이카가 아닐까? 그래서 더 깊숙이 서민들의 동네로 들어올 수 있었던 것이 아니었을까? 빨리빨리 이동하려는 교통수단들 사이에서 느림의 미학을 보여주고 있는 싸이카, 싸이카가 있어서 빠름과 느림의 조화가 있는 양곤의 모습을 볼 수 있다.

그렇지만 양곤에 오토바이 규제가 풀릴 경우 싸이카 역시 추억 속으로 사라질 가능성이 크다. 그만큼 법이 사람 생활에 영향을 크게 미치고 있음을 싸이카가 말해주고 있다. 이후에 싸이카가 본래의 목적인 교통수단의 역할이 끝나면 인력거와 마찬가지로 관광지에서 관광객을 상대로 다시 재탄생하는 모습을 기대해봐야겠다.

⑥ 트럭 - 또 다른 교통수단

 일반적으로 트럭이라 하면 짐을 실어나르기 위해서 사용하는 교통수단이다. 거기에 맞춰서 운전석을 제외하면 다양한 형태의 모양으로 짐을 실을 수 있노록 칸을 만들어 놓은 것을 알 수 있다. 그중에서도 운전석과 조수석 외에 뒤에 자리를 더 만든 4인승 트럭도 있긴 하지만, 역시 짐을 싣는 공간이 더 많다. 그것이 원래 트럭의 목적이기 때문이다.

 그런 취지에서인지 우리나라에서는 트럭의 짐칸에는 사람이 탈 수 없게 법으로 명시되어 있다. 조금 오래된 얘기지만, 유명 예능 프로그램에서 이 법의 존재를 모르고 트럭 짐칸에 출연자들이 탔다가 시청자들로부터 비난을 받기까지 할 정도로 트럭 짐칸에 사람이 타는 것에 대해서 예민하게 받아들여 왔다.

 트럭 짐칸에 사람이 타지 못하게 하는 이유 중 가장 큰 이유는 안전에 대한 문제다. 트럭 짐칸의 경우 일반 좌석이 아니다 보니 안전벨트와 같이 직접 사람에게 영향을 주는 안전장치는 물론, 충격을 완화하기 위한 에어백도 당연히 설치하기가 어렵다. 거기에 의자 역시 등을 힘주어 기댈 수 있을 만큼 힘이 좋은 것이 아니므로 추락에 대한 위험도 도사리고 있다.

 미얀마의 트럭은 우리나라와 달리 짐칸에도 의자를 만들어 놓은 모습을 볼 수 있다. 때로는 짐칸으로 때로는 수송용으로 트럭의 용도가 달라진다. 트럭을 활용하여 통학버스로까지 이용하고 있는데, 통학시간에 맞춰 거리로 나가보면 버스가 아닌 트럭들이 학생들을 태우고 있는 모습을 볼 수 있다.

사람이 앉을 수 있게 간이 의자를 만들어 놓고 손잡이까지 달아 놓은 것을 볼 수 있는 미얀마 트럭. 거기에 번호판 앞쪽에 발판까지 설치해서 올라타는 데도 불편함이 없도록 해놓았다. 이렇게 사람이 타고 내리기 쉽게 해놓다 보니 트럭이라는 생각을 하기 이전에 또 다른 교통수단으로 착각하기 쉽다.

하지만 탑승할 수 있는 인원보다 초과해서 승차한 트럭들이 상당히 많아서 보기만 해도 위험한 순간들이 많다. 우리나라도 허용된 양보다 짐을 많이 실은 트럭, 즉 과적 트럭으로 인해 사회적인 문제로 발전하는 것을 볼 수 있었다. 하물며 사람 또한 탑승 인원을 초과하게 되면 보이지 않지만, 분명 잠재적인 문제점을 안고 있을 것이다.

그리고 싸이카와 마찬가지로 창문이 없기 때문에 도로의 각종 오염을 여과 없이 그대로 받아들인다는 점에서 탑승자의 건강도 우려되는 부분이다. 특히, 미얀마에는 대부분 중고차다 보니 시꺼먼 매연을 뿜어내는 차량이 많다는 점도 트럭 탑승자들이 간과해서는 안 될 부분이다.

미얀마에서는 이렇게 통학이나 통근을 목적으로 다니는 트럭을 페리카라고 부르는데, 아마도 배를 타는 것과 비슷한 느낌을 받아서 이런 이름이 붙은 것은 아닐까 생각해본다. 이는 트럭에만 한정되는 것이 아니라, 통학버스도 그렇게 부른다는 점에서 특정 차량을 가리키는 단어가 아님을 알 수 있었다.

앞서 언급했던 오토바이 버스와 마찬가지로 트럭도 노선버스로 활용되는 것을 볼 수 있다. 물론, 도심이 아닌 외곽지역의 양곤에서까지 그 모습을 볼 수 있다는 것은 흥미로운 일이다. 그리고 트럭 버스에도 차장이 존재해서 일반 버스에서 보는 모습을 그대로 볼 수 있다.

그림 6. 21. 사람을 태우고 다니는 트럭

그림 6. 22. 좌석이 있는 트럭

⑦ 페리선 - 다리를 대신하는 셔틀 노선

양곤을 비롯해서 강을 끼고 있는 도시들에서 볼 수 있는 장면은 바로 도심 속을 가로지르는 다리다. 교통량이 많을수록, 산업화가 더 많이 진행되었을수록 강을 가로지르는 다리는 더 많아진다. 물론, 동일한 시기에 만들어진 다리보다는 시간 간격을 두고 만들어지기 때문에 다리의 디자인이 한결같기가 어렵다. 즉, 다리의 풍경을 담는 것도 하나의 여행이 될 수 있을 정도로 각양각색의 다리를 느낄 수 있다.

서울만 하더라도 한강대교를 비롯해 20여 개의 다리와 철교가 한강을 수놓고 있다. 그중에서 같은 디자인을 찾는 것이란 쉬운 일이 아니다. 20여 개도 많다고 느껴질 수 있지만, 한강에는 또 다른 다리들이 하나둘 건설되고 있을 정도로 여전히 교통량을 충족시키고 있지는 못한 모양이다.

한편, 양곤의 경우 강에서 다리를 찾기가 쉽지가 않다. 마치 강이 바다인 것 같은 느낌이 드는 것은 흔히 볼 수 있었던 다리가 눈에 들어오지 않기 때문이 아니었나 싶다. 다리가 없다 보니 이동하는 것은 상당히 어려워져서 다리를 찾아 시내의 도로를 빙글빙글 돌아야 할 수밖에 없다. 구글 지도로 경로 검색을 하면 바로 붙어있는 지역임에도 이동 경로가 상당히 긴 것은 다리의 영향이 크다.

양곤강은 거의 하류이기 때문에 강폭도 제법 넓다. 오히려 양곤강에서는 바다를 떠올릴 수 있는 갈매기 무리까지 볼 수 있다. 이런 모습들은 양곤강을 강이 아닌 바다의 모습으로 착각하게 만들어서 마치 파도가 울렁대는 느낌도 문득 들 때가 있다.

　이뿐만 아니라 양곤강을 끼고 항구가 자리하고 있어서 처음 이곳에 왔을 때는 바다에 온 것 같은 느낌이 더 강하게 들었다. 일반적으로 항구는 바다에 있기 때문이다. 서두에서 언급했지만, 양곤항은 강에 위치하고 있어서 큰 배가 들어올 수 없다. 이는 물류에 있어서는 큰 손해지만, 양곤항에서는 넓은 범위에 걸쳐서 강을 끼고 상당한 규모의 컨테이너 하역장이 자리 잡고 있는 것을 볼 수 있다.

　다리에서 주변을 보더라도 우리나라에서와같이 또 다른 다리를 구경하기도 쉽지가 않다. 양곤강을 지나는 다리가 드문드문 있지만, 다리를 건널 때 다른 다리가 보일 정도로 많이 있는 것은 아니므로 시야가 탁 트인 채로 강 경치를 구경할 수 있다는 것은 장점이다.

그림 6. 23. 양곤항의 모습

그림 6. 24. 바다 같은 양곤강의 전경

양곤강을 따라 운행하는 셔틀 노선이 있는데, 미얀마에서는 수상 버스라고 부른다. 누군가에는 교통수단으로서 역할을 하고 있지만, 이 노선은 도로에서 경험할 수 없는 양곤을 느끼기에 아주 최적화된 관광선이다.

편도 운행시간은 약 2시간 30분으로, 도로나 철도와 비교했을 때 상당히 느린 노선이지만 시원한 강바람을 맞으면서 배에서만 볼 수 있는 경치를 감상하다 보면 결코 긴 시간이 아님을 알 수 있다. 그러나 딱 한 가지 아쉬운 점이 있다면 서두에서 언급한 것처럼 현지인 요금(300짯)에 비해 외국인 요금(1,300짯)이 네 배 이상 비싸다는 점이다. 물론, 외국인이라고 해서 특별히 좌석을 좋은 곳에 주거나 먼저 탑승을 시켜주거나 하는 어떠한 혜택도 없음에도 말이다.

한편, 미얀마의 제2도시 만달레이에도 이라와디강이라 불리는 큰 강이 있는데, 양곤과 비슷하게 도시 외곽으로 강이 흐르기 때문에 다리를 보는 것이 양곤보다 더 어렵다. 이곳에서는 다리의 역할을 하는 것이 바로 페리선이다. 페리선이라고 해서 한강 유람선과 같은 여객선을 생각하면 큰 오산이다. 물론 그런 배들도 간간이 있기는 하지만 만달레이에서 볼 수 있는 배는 고기잡이하는 배가 주를 이룬다.

그림 6. 27.에서 보는 것과 같이 별도의 정박 장소도 없이 뭍에 배를 자연스럽게 정박해놓은 것을 볼 수 있다. 물론, 닻을 뭍에 고정한 것은 볼 수 있다. 배와 닻은 숙명적인 운명이 아닌가 싶다. 자동차 사이드브레이크 역할을 아마 닻이 대신하는 것으로 생각하면 될 것 같다.

예전에 우리나라에서도 다리가 없던 시절, 섬과 섬 사이를 이어주는 역할을 배가 해왔다. 아마 미얀마에 이런 배들 모습도 과거 우리나라에서 볼 수 있었던 장면 중 하나였을 것이다. 물론, 운항 빈도 역시 미얀마에서와같이 빈번했을 것으로 생각된다.

　　지역과 지역을 이어주는 배가 단순히 운송수단으로 이용되는 배가 있는가 하면 순수하게 관광의 목적으로 이용되는 배도 있다. 미얀마에서 가장 오래된 목조다리인 우베인 다리에서 운영 중인 나룻배가 그것이다. 우리나라에서도 이와 비슷한 배를 볼 수 있는데 그것은 정선 아우라지역 근처에서 탈 수 있다.

　　우베인 다리는 차가 다닐 수 없는 다리로, 걸어서 건너야 하는 다리다. 그런데 이 다리가 유명한 이유는 낙조 때의 아름다운 풍경 때문이다. 그래서 다리만 덩그러니 있지만 수많은 사람이 이곳을 찾는다. 거기에 편승해서 관광용 배가 등장한 것이다. 일단 다리의 길이가 1km를 넘어가기 때문에 조금이라도 편하려고 하는 사람의 심리를 잘 파고들었다고 할 수 있을 것 같다.

　이 다리 아래서 강과 함께 다리를 감상하는 것 또한 다리에서 느
낄 수 없는 훌륭한 장면이다. 그리고 과거의 방식 그대로 직접 선
원이 노를 저어서 운행하기 때문에 걷는 속도만큼 오랜 시간 동안
배를 탈 수 있다. 물론 강바람이 선사하는 시원한 바람은 덤이다.

그림 6. 29. 우베인 다리의 전경

⑧ 케이블카 - 새로운 교통수단의 탄생

양곤을 비롯한 미얀마의 대도시에서 보기 힘든 교통수단이 있다. 험준한 산악지형이 있는 곳에서 쉽게 접할 수 있는 케이블카가 바로 그 교통수단이다. 사실 미얀마에는 케이블카가 없었다. 하지만 2017년 말, 미얀마인들이 죽기 전에 한 번은 꼭 가봐야 한다고 생각하는 불교 성지인 짜익티요 파고다에 미얀마의 첫 번째 케이블카가 탄생했다.

산 위에 자리 잡은 짜익티요 파고다는 미얀마 3대 불교 성지라 불리는 양곤의 쉐다곤 파고다, 만달레이의 마하무니 파고다와 어깨를 나란히 하는 파고다인데, 도시에 있는 두 파고다와 달리 접근 자체가 쉽지 않은 곳에 있기 때문에 특히 연휴가 되면 대단한 인파가 짜익티요 파고다에 몰린다.

그림 6. 30 짜익티요 파고다

케이블카가 없었을 당시에는 산길을 따라 위태롭게 오르는 셔틀 트럭이 있는데, 5톤쯤 되어 보이는 트럭에 무려 42명을 태우고 이동하기 때문에(물론 사람이 42명이 되지 않으면 출발 자체를 하지 않는다.) 상당히 위험한 교통수단이었다. 물론, 케이블카가 있다고 해도 산 중턱에 자리 잡고 있는 케이블카 입구까지 반드시 이 트럭을 타고 가야 한다.

🌿 그림 6. 31. 짜익티요 셔틀 트럭

이 트럭은 보는 것과 같이 놀이동산에서 탈 수 있는 롤러코스터의 좌석을 보는 것 같다. 물론, 안전벨트가 작동하지 않으며 손잡이도 없는 트럭이 대부분이다. 그런데 꽤 빠른 속도로 산비탈 길을 오르는데 신기하게도 레일 위를 달리듯 능숙하게 운전한다. 이런 트럭에 익숙하지 않은 외국인에게 있어서 케이블카의 탄생은 짜익티요까지 좀 더 편하게 올라갈 기회가 마련되었다고 봐도 무방할 정도다.

이 케이블카는 사람이 기다리지 않아도 되는 곤돌라 형식이어서 좀 더 편리하게 이용할 수 있다. 조금 아쉬운 점이 있다면 짜익티요와 관련이 있으면서 미얀마인들이 좋아하는 금색을 외관으로 사용하지 않고 파란색을 차용한 외관이 아닐까 싶다.

미얀마 최초의 케이블카지만 현지인들은 여전히 셔틀 트럭을 타고 이동하는 경우가 많은데, 아마도 비싸게 느껴지는 케이블카 요금이 한몫하는 것으로 보였다. 여기도 역시 외국인과 현지인의 요금이 다른데 현지인은 왕복 기준으로 6,000짯이지만 외국인은 두 배가 훌쩍 넘는 14,000짯에 이른다. 현지인 왕복 요금보다 외국인 편도 요금이 비싼 그런 구조다.

이뿐만 아니라 외국인은 짜익티요 파고다의 입장료 10,000짯까지 더해져서 실제로 짜익티요 파고다를 구경하기 위해서 들어가는 비용은 현지인의 네 배 가까이 된다. 그런데도 현지인들은 이 케이블카 요금도 비싸게 느끼고 타는 것을 주저하는 모습을 보면서 미얀마인들과 외국인 간의 소득 격차에 대해 새삼 생각해보게 되었다.

케이블카의 탄생으로 미얀마에서 탈 수 있는 교통수단이 늘어난 점은 고무적인 일이다. 그러나 처음 보는 것에 대한 신기함과 호기심이 돈에 의해 억제되는 모습을 보면서 만감이 교차하였다. 어쩌면 지금까지 미얀마에 케이블카가 없었던 것도 이런 이유로 인해 수요가 없을 것이라 판단했기 때문이 아니었을까 싶다.

7

띤잔(미얀마 새해의 물 축제) 때 겪을 수 있는
다양한 모습들

🌲 어느 나라가 되었든 간에 새해를 기념하는 축제가 규모에 상관없이 존재한다. 새로운 한 해에 새로운 마음으로 시작하기를 기원하는 것이 당연하기 때문이다. 미얀마에서도 역시 새해에 전 국가적으로 큰 축제가 있다. 그것도 거의 1주일에 걸쳐서 열리는 긴 축제다.

그런데 흔히 우리가 생각하는 1월 1일이 미얀마에서는 1년 중 평범한 하루일 뿐이고, 진짜 새해라고 생각하는 날은 4월이다. 이는 불교의 영향이 크게 작용했기 때문인데, 중국을 거치지 않은 원래

🍂 그림 7. 1. 미얀마 4월 달력

모습을 그대로 갖춘 남방 불교에서는 4월 13일 또는 4월 17일을 새해 첫날로 본다. 그래서 미얀마의 4월은 공휴일이 상당히 많이 있는 것을 달력으로 확인할 수 있다.

2017년까지는 거의 2주 가까운 기간 동안 공휴일이 지속되는 것을 볼 수 있다. 이는 우리나라에서도 2017년 10월 첫 주에 있었던 약 9일간의 연휴가 있기 이전에 보기 힘든 긴 연휴이기도 하다.

사실 미얀마에서도 처음부터 이렇게 긴 기간에 연휴가 지속된 것이 아니었다. 이는 현재 수도인 네피도가 만들어지면서 1주일이었던 연휴가 2주로 늘어나게 된 것이다. 그 이면을 들여다보면 네피도에 거주하는 공무원들이 1주 만에 고향에 다녀올 수 없었기 때문이라고 한다. 3장에서 언급했지만, 네피도는 그 정도로 교통이 열악했던 곳이라고 정부 스스로 인정한 셈이었다. 그렇지만 너무 많은 기간에 연휴가 지속되면 국가 경제에 영향을 끼치기 때문에 2018년부터는 4월 새해 연휴 기간이 1주일로 줄어들었다.

미얀마에서 이 연휴 기간을 가리켜 띤잔(သင်္ကြန်)이라고 부르는데, 2018년은 불교에서 말하는 새해인 4월 13일(4월 17일을 새해로 보는 경우도 있다.)의 전날인 4월 12일부터 4월 23일까지 이어진다.

이 기간 중 4월 13일에서 4월 16일까지는 여태까지 미얀마에서 볼 수 없었던 모습들이 연출된다. 길거리를 나가면 불특정 다수에게 가차 없이 물을 뿌리기 때문이다. 이는 외국인도 예외가 없다. 오히려 외국인을 만나기 힘든 미얀마의 뒷골목 등에서는 더 격하게 물세례를 받기도 한다. 물론, 악의가 있는 것은 전혀 아니다.

이 또한 불교 행사라고 볼 수 있는데, 한 해 동안 저질렀던 잘못, 악행 등을 물로 씻어내린다는 의미가 있다. 그래서 물을 뿌려주는 사람은 자신의 지난 한 해 동안의 과오를 씻어주는 착한 존재가 되는 것이다. 그래서 이 기간 만큼은 누구나 물을 맞아도 화를 내지 않고 기쁜 마음으로 서로 인사를 주고받는 것도 볼 수 있다.

띤잔 기간에는 장소마다 다양하게 축제를 즐길 수 있는데, 여기서는 크게 세 분류로 나누어 보았다. 먼저 공휴일에는 개방하지 않는 학교에서 볼 수 있는 모습을 시작으로, 꾸밈없는 현지인들의 모습을 그대로 느낄 수 있는 길거리에서의 모습, 그리고 페스티벌과 같이 입장료를 지급하고 만들어진 공연장에서 즐길 수 있는 모습을 각각 담아보았다.

① 학교에서의 띤잔

 미얀마 학교는 주말이나 공휴일에 학교를 개방하지 않는다. 그런데 학교에서 띤잔 축제를 즐길 수 있다는 것이 가능한지 의문이 드는 것이 사실이다. 물론, 띤잔 기간은 학기 중이 아니라 방학 기간이라 더군다나 학교의 주인인 학생도 없다. 주인 없는 집에 축제를 여는 것은 상식적으로 이해하기 힘든 모습이다.

 이런 다양한 여건들을 고려해서 학교마다 약간 차이는 있지만, 날짜를 미리 앞당겨서 학교 자체적으로 띤잔 축제를 개최하는 것을 알 수 있었다. 그러니까 학교에 다니고 있는 학생들에게는 띤잔 축제가 두 번 이상 열리는 것이다.

 필자가 경험한 학교 띤잔 축제는 양곤 외국어 대학교(YUFL)에서였다. 일반적으로 우리나라 대학교에서는 축제가 정규 강의 시간이 끝나는 오후 5시경을 전후해 축제가 열린다. 먹고 마시는 문화가 발달해서 그런 것일 수도 있지만, 또 다르게 생각해본다면 최소한 강의 시간을 침범하지 않음으로써 학업에 지장을 주지 않으려는 노력도 묻어나온다고 볼 수 있다.

 하지만 양곤 외국어 대학교의 축제는 하루 전체를 축제로 즐기는 것을 알 수 있었다. 축제가 있는 날은 모든 학생이 수업 가방은 뒤로한 채 물 축제 때 입을 옷과 귀가 시 입을 여벌 옷을 가지고 등교하는 모습을 볼 수 있었다. 아침부터 축제를 위한 무대를 꾸미느라 교직원들도 그 분위기를 한껏 띄우는 모습에서 축제가 무언가에 대해서 알려주는 느낌이었다.

그런데 학생들보다 교수님들이 더 열정적으로 축제를 즐기는 모습을 볼 수 있다는 것도 특징이다. 권위적이면서 적극적으로 행사에 참석하지 않는 우리나라 대학교수님들에서는 상상하기 힘든 장면이었다. 학생들의 공연 도중에 교수님들이 꾸미는 무대가 있었는데 학생들 못지않은 춤 실력으로 축제의 장을 보다 더 흥미롭게 만들어주었다.

띤잔에서 빠질 수 없는 것이 바로 물이다. 그래서 이 축제 이름이 물 축제라고 하는 것이다. 학교에서 열렸던 띤잔 축제에도 살수차가 동원되어 물을 뿌릴 준비를 하고 있었다. 물론, 살수차를 사람이 있는 곳을 겨냥해서 직접 물을 뿌리는 것은 아니고, 분수를 내뿜듯 공중으로 물을 발산한다. 하지만 수압이 워낙 강해서 멀리 있는 사람들도 그 물을 맞으면 약간의 아픔이 느껴질 정도다.

하지만 축제에 참석한 이들은 이 물을 맞으면 나쁜 것이 사라진다고 생각하기 때문에 물줄기가 움직이는 방향으로 적극적으로 이동해서 물을 맞고 다녔다. 이날만큼은 주변에서 짓궂게 물을 뿌리거나 물감을 얼굴에 발라도 모두 기쁘게 받아들였다. 축제에 참가한 외국인에게도 예외는 없었다.

한편, 축제는 오전 중에 준비한 대부분 공연이 마무리되었고, 오후에는 따로 무대가 없이 남아있는 학생들 간 서로 물을 뿌리고 즐겼다. 그리고 오후 3시 정도가 되어서 학교에 남아있는 학생들이 거의 손꼽을 정도로 다 귀가하는 모습을 볼 수 있었다. 밤늦게까지 축제가 이어지는 우리나라의 대학가와 너무도 다른 분위기인데, 마치 고등학교 학예제를 보는 느낌까지 들었다.

 이는 교통이 발달하지 않은 미얀마의 교통체계도 한몫하는 것 같았다. 대부분의 학생이 일명 '페리카'라고 불리는 통학버스나 트럭을 이용해서 학교에 다니는데 정규 수업시간에 맞춰서 이 차량이 움직이기 때문에 본인이 원하지 않더라도 어쩔 수 없이 귀가해야 하는 상황이 오기 때문이다. 아마 이런 영향으로 인해 대학교의 축제지만 오전 중에 대부분의 행사가 마무리되는 것인지도 모르겠다.

 비록 축제를 즐길 시간이 한정되어 있지만, 그 시간만큼이라도 알차게 보내려는 학생들과 교수님들의 열정을 느낄 수 있는 학교 축제였다. 하지만 성인이 된 이후에도 고등학생과 같이 행동반경에 제약을 받는 것은 조금 아쉽게 느껴진 부분이다. 사회에 나오면 더 자유가 없을 것인데, 학교생활만큼은 낭만적으로 즐겨야 하지 않을까? 학교에서 느낀 띤잔은 이 두 생각이 교차하게 만들어 주었다.

✿ 그림 7. 2. 띤잔 축제에 사용될 무대

✿ 그림 7. 3. 교수님들이 꾸미는 무대

✿ 그림 7. 4. 살수차와 함께하는 축제

② 길거리에서의 띤잔

다음은 길거리에서 느낄 수 있는 띤잔이다. 이는 학교에서 느낀 띤잔과 달리 실제로 미얀마 띤잔 연휴 기간 중 벌어지는 일들이다. 물론, 단체 관광으로 왔다면 더더욱 느낄 수 없는 골목길의 풍경을 느껴보았다.

우리나라도 마찬가지지만 골목길에 들어가면 다른 곳에서는 볼 수 없는 그 지역만의 아기자기한 모습들을 느낄 수 있다. 그 모습이 누구에게나 좋다고는 말하기 어렵지만, 적어도 때 묻지 않은 모습을 느끼기에는 골목길보다 더 훌륭한 곳은 없다. 특히, TV로도 쉽게 볼 수 있는 유명한 거리가 아닌 인터넷 검색을 통해서도 쉽게 접하기 힘든 곳이라면 그곳에 대한 애착도 가질 수 있다.

그림 7. 5. 미얀마 골목길의 모습

미얀마의 골목길을 보기 전에 한 가지 오해가 있었으니, 그것은 도로의 포장 상태였다. 차량이 많이 다니는 간선도로도 가변차로에는 포장이 안 된 구간이 제법 보이는 데다가 도로포장 상태도 그렇게 좋지가 않아서 비가 오면 도로가 움푹 패는 구간도 많다. 포장은 되어있지만 마치 비포장도로처럼 표면이 울퉁불퉁하여 차들이 제 속도를 내지 못하는 경우도 흔하다.

하물며 가지처럼 뻗어있는 골목길은 과연 포장이라도 되어있었을까 하는 생각이 들었다. 그런데 생각과 달리 골목길도 우리나라 못지않게 포장 상태가 괜찮았다. 물론 표면이 고르지 못하거나 물이 고여있는 곳도 제법 눈에 띄었지만, 골목길이 이 정도로 정돈되어 있으리라고는 생각지 못했기 때문이다.

하지만 골목길에서는 생각보다 띤잔 축제를 즐기는 모습을 보기 힘들었다. 하지만 돈을 주고도 얻을 수 없는 순수한 동심을 사진으로 담을 수 있었으니, 그 또한 골목길이 아니었다면 불가능했으리라 생각된다.

그림 7. 6. 골목길에서 만난 아이들

대부분 사람들이 그래도 왕래가 잦은 큰 도로에 모여서 자신들만의 축제를 즐기는 듯했다. 대표적인 모습이 바로 이동 중인 차량에 무차별적으로 물을 뿌리는 모습이다. 물론, 그 물을 맞기 위해서 움직이는 차량도 있었다.

6장에서 언급했던 트럭 역시 이날은 인기 차량이다. 트럭 짐칸은 그 어느 차량보다 물을 직접 맞기 적합한 공간이기 때문이다. 따라서 마음이 맞는 사람들이 십시일반 해서 띤잔 기간 중 트럭을 빌려 도로를 돌아다니는 모습을 많이 볼 수 있다. 이는 다큐멘터리 방송에도 나올 만큼 유명한 모습이다.

띤잔 기간에는 길거리에서 물을 맞지 않고 걸어간다는 생각을 하지 않는 것이 좋을 것 같다. 왜냐하면, 어디선가 물을 뿌리려고 준비하고 있는 사람들이 대기하고 있기 때문이다. 특히, 인적이 드문 곳이면 물을 뿌릴 기회가 적었기 때문에 지나치는 사람에게 더 격하게 물세례를 하는 것도 볼 수 있다.

단 한 가지 특징이 있다면 절대 사람의 머리나 얼굴을 겨냥해서 물을 뿌리지 않는다는 것이다. 가까이 사람이 다가오면 대부분이 어깨 부근이나 등을 겨냥해서 물을 뿌린다. 이는 아마도 머리를 만지는 것을 싫어하는 미얀마 사람들의 행동이 묻어나온 것이 아닌가 싶다.

띤잔 기간을 전후로 해서 미얀마에는 평소에는 잘 보기 어려운 상품을 팔거나 사은품으로 나누어 주는데, 그것은 휴대폰 방수 케이스다. 휴대폰 크기가 다양하기 때문에 조금 크게 만들어서 공급하는데, 거기에는 돈을 비롯해서 중요한 물품들을 함께 넣을 수 있어서 어디 다니기에 상당히 편리하다.

이날은 택시들도 평소보다 많은 돈을 만질 수 있는 중요한 시기기 때문에 연휴를 즐기려고 영업하지 않는 택시보다 영업하려는 택시가 늘고 있는 것도 눈여겨볼 점이다. 불과 몇 년 전만 하더라도 띤잔 기간에는 길거리에 택시를 보는 것이 상당히 힘들어서 어디를 이동하려고 하면 상당히 힘들었다고 한다. 물론, 공급자가 극소수라서 수요자인 승객은 공급자인 택시가 부르는 대로 요금을 지불할 수밖에 없었다고 했다.

 하지만 최근에는 택시 수가 평소와 거의 다르지 않기 때문에 택시들의 요금 횡포도 어느 정도 줄어든 것을 느낄 수 있었다. 평소에 비해서는 천 짯에서 2천 짯 정도 더 지급하는 것은 어쩔 수 없지만 말이다. 이 기간에는 요금을 더 받는 대신 택시에도 특별한 서비스가 있다. 그것은 바로 물에 젖은 사람도 택시를 탈 수 있도록 시트에 비닐 커버를 씌워놓은 것이다. 물론, 차량 자체의 보호를 위해서 커버를 씌운 것도 있지만, 띤잔 축제를 즐기고 집으로 돌아가는 승객들을 외면하지 않는 것 또한 서비스가 아닌가 싶다.

③ 공연장에서의 띤잔

　마지막으로 실제 무대가 있는 공연장에서 펼쳐지는 띤잔이다. 축제는 축제의 장에서 즐겨야 한다는 것을 가장 잘 보여주는 곳이 바로 공연장이다. 입장료가 현지인 중산층을 기준으로 생각해 볼 때 결코 만만한 금액이 아님에도 많은 사람이 공연장을 찾는다. 이는 마치 우리나라 아이돌 콘서트에 가는 청소년들과 굉장히 비슷한 느낌이다.

　공연장을 가면 평소 우리가 볼 수 있었던 미얀마인들이 아닌 전혀 다른 사람들의 모습을 볼 수 있는 공간이기도 하다. 그만큼 미얀마인들은 축제를 즐길 줄 아는 사람들이다. 평소에는 불교의 힘인지는 모르겠지만, 절제된 삶을 이어가지만, 그것이 해제되는 띤잔 기간에는 자신의 끼를 유감없이 발휘하는 것 같았다. 매우 서먹할 것 같았던 공연장이 마치 우리나라의 클럽에 온 것 같은 느낌까지 든다.

　실내와 실외로 이루어진 두 무대는 1부 행사와 2부 행사로 자연스럽게 이어진다. 낮에만 이어질 것 같았던 축제는 해가 지더라도 끝을 모르고 이어진다. 전력 사정이 좋지 못한 미얀마에서 전기 공급이 끊기지 않고 전기를 많이 먹는 무대를 장시간에 걸쳐 운영하는 것을 보며 입장료가 왜 비싸야 하는지에 대한 이유를 알 수 있었다.

❦ 그림 7. 9. 공연장의 모습

❦ 그림 7. 10. 실외 무대

❦ 그림 7. 11. 밤중의 공연장 모습

빛은 무대를 더 멋있게 꾸며주는 장치임이 분명했다. 평범해 보였던 낮 무대와 달리 밤무대는 어둠을 배경으로 상당히 화려한 모습을 연신 담아냈다. 특히, 주변에 가로등을 비롯해 아파트의 불빛조차 보기 힘든 곳에 무대가 있었기 때문에 빛의 효과는 더 극대화되었다.

축제 참가자들은 지속해서 뿌리는 물에 노출되다 보니 몸이 계속 젖어있을 수밖에 없다. 하지만 낮에는 해가 있어서 옷이 금방 마르지만, 밤에는 해가 없으므로 젖은 상태가 지속된다. 아무리

더운 나라라고 하는 미얀마지만, 밤에 젖은 옷을 입고 있다 보면 어느새 추위가 온몸을 휘감고 돈다는 것을 느낄 수 있다. 어쩌면 이 추위가 사람들의 몸을 더 움직이게 만들어서 활기찬 축제 분위기를 조성하고 있는 것인지도 모르겠다.

평소에는 인적조차 드물었던 미얀마의 거리가 아주 늦은 시간까지 마치 시간이 멈춘 듯 축제를 즐기고 있다는 것도 놀라운 일이다. 어떻게 이때까지 내재하여 있던 끼의 발산을 억제해왔는지 모르겠다. 어쩌면 분위기가 만들어내는 엄청난 효과가 아닌가 싶다. 분위기에 휩쓸리면 미얀마 사람들도 얼마든지 남부럽지 않게 놀 수 있다는 것을 보여주는 공연장의 모습이다.

8
미얀마의 현지 음식들에 대한 생각

🌲 사람이 사는 곳이라면 반드시 따라다니는 것이 있다. 아니, 사람이 아니더라도 살아있는 생명체가 있는 곳이라면 반드시 필요한 것, 그것은 음식이다. 있는 그대로를 먹기도 하고 때로는 먹기 좋게 가공을 하기도 하는데, 그 방법이 같지 않기 때문에 음식이 지역마다 다른 것이다.

지역마다 재배하는 것이 다르고 음식을 만드는 방법, 그리고 보관하는 방법이 다 달라서 그 지역 사람들에게는 익숙한 음식이라고 할지라도 다른 지역 사람들에게는 이질적으로 느껴지는 것도 음식이다. 글로벌 시대로 접어들어서 전 세계로의 이동이 편리해진 지금은 마음만 먹으면 다양한 음식을 언제 어디서든지 쉽게 접할 수 있다.

한편, 시대의 흐름에 맞춰서 음식도 현지화를 하기 위한 노력을 하는 것도 볼 수 있다. 우리나라 역시 한식의 세계화를 주창하면서 그 영역을 확대하기 위한 노력을 지속적으로 해왔다. 물론, 우리나라에 들어온 외국 음식들도 한국인의 입맛에 맞춰 약간의 변화를 준 음식들이 대부분이다.

그러다 보니 평소에 맛있게 먹었던 음식을 현지에서 먹었을 때 맛이 다른 것을 알고 그 음식에 대해 실망하는 경우도 있다. 특히, 더운 나라일수록 상하지 않게 보관하려고 음식에 들어가는 양념이나 향신료를 더 많이 첨가하는 경향이 있다. 미얀마 역시 그런 나라들 가운데 한 나라다.

미얀마 음식은 대체로 음식의 향이 다른 나라의 음식에 비해 강하다. 이런 향을 좋아하는 사람은 미얀마 음식이 입에 잘 맞을 것이고, 그렇지 않은 사람에게는 미얀마 음식의 냄새만 맡아도 고역일 것이다. 미얀마 음식의 고유한 향을 내는 향신료는 동남아시아 음식에 자주 사용되는 고수다.

고수뿐만 아니라 레몬, 라임 등도 음식의 깊이를 더하는 향신료인데, 유독 고수 향에 호불호가 강한 이유는 익숙하지 않기 때문으로 생각된다. 레몬이나 라임 등은 이제 우리나라에서도 쉽게 접할 수 있는 식재료로 발전했는데, 고수는 그렇지 않다.

미얀마 사람들이 아침에 주식으로 삼는 미얀마식 쌀국수인 '모힝가'에는 고수가 상당히 많이 들어간다. 우리도 생선 국물이면 생선 특유의 비린내를 잡기 위해 다양한 식재료를 첨가하듯 미얀마에서는 그 역할을 고수가 대신하는 것 같았다.

그러나 미얀마 사람들이라고 해서 반드시 고수를 좋아하는 것은 아니다. 그것은 마치 '한국인이라면 개고기를 좋아한다'와 같은 이치기 때문이다. 그래서 고수를 비롯한 향신료는 음식에 바로 일정량을 넣어서 나오는 것이 아니라 그림 8. 1.과 같이 별도의 그릇에 나오는 식당도 상당히 많다. 마치 우리가 김치를 덜어 먹을 수 있게 나오는 것과 같다고 볼 수 있다.

덥고 습한 날이 많은 미얀마 특성상 튀김류나 덮밥류가 발달해 있다. 농업이 주된 산업이기에 당연히 채소 종류도 많다고 생각했지만, 의외로 채소가 주가 되는 음식은 우리나라보다 더 없어 보였다. 그렇다고 고기 요리가 발달한 것도 아니어서 주된 음식은 탄수화물이 기초가 되는 쌀이나 면이다. 그리고 반찬의 종류도 많지 않다 보니 주요리의 1인분 양이 많은 것을 알 수 있다.

우리도 밥과 반찬을 먹을 때보다 비빔밥이나 덮밥 등을 먹을 때 무의식적으로 평소보다 밥을 더 먹게 되는데, 미얀마에서는 끼니

마다 그런 일이 발생하고 있는 것이다. 즉 의식하지 않고 먹다 보면 금방 살이 찌는 음식들이 미얀마 음식이다.

그런데 미얀마 길거리를 돌아보면 살이 찐 사람보다 나무 막대기보다도 더 가는 사람들을 많이 볼 수 있다. 먹는 음식만 보면 절대 그런 체형이 나오기 어려운데, 이들이 먹는 음식의 양을 보면 금방 이해가 된다. 미얀마 사람들은 마치 우리나라의 연예인들과 같이 체중조절을 하는 것처럼 보인다. 밥을 먹어도 우리가 보통 먹는 한 그릇의 음식을 서너 명이 함께 나눠 먹는 모습을 많이 볼 수 있기 때문이다.

한편, 미얀마 음식은 밥 요리만큼이나 면 요리도 발달했는데, 역시 대부분이 우리나라의 라면과 같이 다른 밑반찬이 필요 없는 단품 요리다. 국물이 있는 면 요리도 많지만, 국물이 없는 비빔국수와 같은 요리도 제법 눈에 띈다. 그중에서 한국인의 입맛에도 잘 맞는 면 요리는 '난지또웃'이라 불리는 비빔국수가 아닌가 싶다.

난지또웃은 우선 면발이 가락국수와 같이 굵어서 미얀마의 다른 면 요리보다 식감이 좋다. 거기에 양념이 거의 스파게티와 비슷해서 외국 음식이 입에 잘 맞지 않는 사람들에게도 쉽게 도전할 수 있는 음식이다.

그릇을 보면 알겠지만, 미얀마 음식은 우리나라의 1인분과 비교했을 때 절대적인 양도 적어 보였다. 물가가 달라서 음식 가격을 비교하는 것은 분명 무리가 있지만, 적어도 우리나라 사람들이 미얀마에서 식사할 경우 2그릇은 먹어야 포만감을 느낄 수 있는 양

은 분명하다.

한편, 쌀국수인 것 같은데 비빔국수 같은 또 다른 면 요리도 외국인의 입맛에 잘 맞는 것이 있다. 샨족의 국수라고 해서 '샨카오쉐'라 불리는 면 요리다.

샨족이 거주하는 샨주는 중국과 국경을 접하고 있다. 그래서인지 모르겠지만 샨카오쉐의 경우 평소에 맛볼 수 있는 미얀마의 맛보다 중국의 맛이 좀 더 가까운 것 같았다. 거기에 쌀국수 면을 사용해서 만들다 보니 국물 없는 베트남 쌀국수 같은 느낌도 든다. 그 정도로 샨카오쉐는 한 가지의 맛이 아니라 먹는 순간에도 맛이 바뀌는 다양한 맛을 가지고 있다.

그런데 우리나라 사람들의 입맛에 맞지 않을지도 모를 음식도 있다. 코코넛 기름을 국물로 해서 만든 '오노카오쉐'라 불리는 국수다. 우리나라에서 코코넛을 먹기는 쉽지 않다. 대부분 가공을 해서 먹는데, 그러다 보니 본연의 코코넛 맛을 알 수가 없다. 그래서 달고 쫄깃한 젤리를 기억하는 사람들이라면 코코넛이 달달한 과일로 착각할 수도 있다. 그러나 코코넛 본연의 맛으로 만든 오노카오쉐의 경우 약간 느끼한 국물이 가미된 국수다.

그림 8. 3. 미얀마의 볶음밥

그림 8. 4. 미얀마 비빔국수 '난지또옷'

그림 8. 5. 미얀마의 비빔국수 '샨카오쉐'

이 음식은 먹는 사람에 따라 호불호가 갈리는데, 느끼하면서 담백한 맛을 좋아하는 사람의 경우에는 입맛에 딱 맞을 것이지만, 그 외에는 먹기조차 거부감이 들 수도 있다. 똑같은 국수라고는 하지만 어떤 재료가 들어간 국물이냐에 따라서 국수 자체가 달라지는 것을 미얀마 음식에서 느낄 수 있다.

미얀마 음식 중에서도 우리나라에서 먹을 법한 전골 요리가 있다. 큰 전골에 찌개류를 먹는 우리나라의 음식과는 좀 다르지만, 1인이 먹을 그릇에 담겨나오는 '쨋오'라고 불리는 국수가 그것이다. 찌개류에 당면을 넣은 듯한 느낌의 이 국수는 미얀마인들 사이에서도 상당히 인기가 많은 음식 중 하나다. 심지어 이 '쨋오'를 전문적으로 파는 프랜차이즈 매장도 있을 정도다.

물론, 미얀마 음식이라고 해서 반드시 단품 요리만 있는 것은 아니다. 현지 식당을 가보면 우리가 흔히 알고 있는 뷔페식으로 이루어진 식당도 있다. 반찬의 종류는 10가지 내외가 대부분인데, 절반 이상이 조림류다. 미얀마인들이 요리에 사용하는 육류는 닭고기와 돼지고기이며, 쇠고기는 거의 찾아보기가 어렵다.

소를 신성시하는 인도의 영향인지는 모르겠으나, 아마 농업이 주를 이루는 미얀마 산업의 영향도 있어 보인다. 넓은 대지에 방목하는 소들을 보면 마블링이 잘 된 쇠고기를 상상하는 것 자체가 사실 불가능해 보이기도 하다. 어쩌면 미얀마인들은 쇠고기가 맛이 없다고 하는 이유는 마블링과 거리가 먼 질긴 쇠고기만 맛봐서 그런 것은 아니었나 싶기도 했다.

뷔페식 식당은 우리가 아는 일반적인 뷔페식 식당과 같이 넓은 플레이트 식판에는 밥과 메인요리(주로 고기반찬이다) 한 종류를 얹어준다. 그리고 나머지 반찬들은 적정량을 담아 각 그릇에 담아주는데, 그 양은 손님이 정하는 양이 아니고, 퍼주는 종업원이 양을 알아서 조절하다 보니 반찬의 양이 달라질 가능성이 매우 크다. 하지만 마치 계량기로 잰 것과 같이 거의 일정한 양을 퍼서 담아주는 것을 볼 수 있었다. 이것 또한 연륜이 묻어나오는 행위가 아닌가 싶다.

물론, 미얀마인들은 대부분 메인 요리 한 종류와 밥만 시켜서 먹는다. 그래서 그림 8. 9.와 같이 많은 음식이 테이블에 있을 경우 시선이 집중되는 것도 몸으로 느낄 수 있다. 그만큼 시켜서 먹는 사람이 없을뿐더러 현지 식당에서는 외국인을 보는 것 자체가 드물어서 일어난 일이 아닌가 싶다.

한편, 미얀마인들은 아침에 차를 즐기는 것도 볼 수 있는데, 어쩌면 영국의 영향이 아닌가 싶기도 했다. 이들이 마시는 차는 홍차와 비슷한 형태의 차로 '라팟예'라 불린다.

그림 8. 10.에서 보는 것과 같이 양은 딱 한 모금 정도다. 그러나 여기에도 단맛과 보통 맛, 담백한 맛 등 기호에 맞춰서 다양하게 선택할 수 있다. 특별히 자극적인 맛이 아니므로 외국인이라도 쉽게 마실 수 있을 것이다. 이것이 미얀마식 모닝커피가 아닌가 싶을 정도로 상당히 많은 사람이 라팟예를 마시는 것을 볼 수 있다. 이렇게 가게에서 파는 것이 있는가 하면 인스턴트커피와 같이 팩으로 파는 것도 마트에서 쉽게 접할 수 있다.

❧ 그림 8. 8. 미얀마식 뷔페식당

❧ 그림 8. 9. 뷔페식 식당에서 음식을 주문한 후의 모습

❧ 그림 8. 10. 미얀마의 차 '라팟예'

9

미얀마 화폐와 영수증에 대한 생각

🌲 어느 나라가 되었든 그 나라에서 통용되는 화폐가 있다. 여러 나라가 공통으로 사용하고 있는 유로화를 제외한다면 대부분이 한 나라에서만 통용되는 화폐다. 그러다 보니 화폐 도안에 그 나라를 가장 잘 표현하려고 하는 것을 알 수 있다. 한정된 공간이기 때문에 더 심혈을 기울이는 것 또한 덤이다.

특히, 화폐의 종류가 한정되어 있어서 거기에 들어가는 인물 또는 배경은 그 나라를 대표하는 것으로 봐도 무방할 정도다. 따라서 화폐는 돈 가치를 떠나서 그 나라의 얼굴이라고 할 수 있을 만큼 상징성을 지닌다.

미얀마는 앞서 계속 언급해왔던 것처럼 '짯(Kyat)'이라는 화폐단위를 사용하고 있다. 현재 통용되고 있는 화폐 중에서 아주 드물게 동전으로 된 화폐가 없는데, 이런 영향으로 미얀마에서는 동전 지갑을 찾기가 어렵다. 6장에서 언급했지만, 버스에서도 거스름돈을 거슬러주는 것도 동전이 아니기 때문에 어려움이 많다고 했었다.

① 동전이 없는 미얀마 화폐

미얀마 화폐에서 가장 눈여겨볼 점은 동전이 없는 것이다. 현재 미얀마에서 통용되고 있는 화폐단위는 가장 큰 단위인 10,000짯을 시작으로 5,000짯, 1,000짯, 500짯, 200짯, 100짯, 그리고 50짯, 이렇게 총 7종류가 있다.

▶ 그림 9. 1. 미얀마 화폐

미얀마 화폐를 잘 살펴보면 소위 동북아시아로 불리는 우리나라, 중국, 일본에서 통용하지 않는 200단위의 화폐가 있다는 것이다. 2단위는 미국이나 유럽 등 서양에서 사용하고 있는 화폐에서 볼 수 있는 단위인데, 아시아 국가인 미얀마에서 특이하게 200짯 화폐를 볼 수 있었다.

그것보다 더 눈여겨볼 것은 모든 종류의 화폐를 살펴보아도 동전이 없다는 것이다. 우리는 너무도 당연하게 사용해왔던 동전, 그런데 동전이 없는 화폐도 있다는 것은 처음 안 사실이다.

화폐 제조는 다른 어떤 것을 만드는 것에 비해 민감할 수밖에 없다. 왜냐하면, 돈이라는 가치가 있기 때문에 위조의 위험이 크기 때문이다. 액면가에 비해 제조비가 적게 들기 때문에 특히 고액권의 경우 위조지폐가 유통될 가능성이 더 크다.

그런 측면에서 제조비용이 많이 들어가는 동전의 경우 위조의 위험이 거의 없는 것이 사실이다. 위조해봐야 그 가치가 더 떨어지기 때문에 장사로 치면 손해 보는 행동이기 때문이다. 그래서 동전에는 거의 없지만, 지폐에 위조 감별 장치들이 많이 들어있는 것도 어쩌면 당연한지 모르겠다.

그런데 굳이 비싼 비용을 들여가면서 동전을 만드는 이유는 분명 있을 것이다. 생활하면서 겪은 개인적인 느낌이지만, 미얀마에서 지폐로 된 화폐만 사용하다 보니 동전이 있어야 하는 이유를 나름대로 찾아볼 수 있었다.

일본에서는 어딜 가더라도 흔하게 볼 수 있었던 자동판매기, 동전이나 지폐를 투입하고 남은 잔돈은 반드시 동전으로 나온다. 간혹 고액 판매기의 경우 지폐가 등장할 때도 있지만 언제까지나 한 종류에 불과하다. 그런데 미얀마에서는 이런 자동판매기를 아직 본 적이 없다. 물론, 전기 사정이 좋지 못한 미얀마라는 특수한 상황도 고려해야겠지만, 동전이 없기 때문에 화폐를 감별할 수 있는 기계가 제대로 작동하지 못해서 생긴 문제는 아닐까 생각해 보았다.

그리고 6장에서 간략하게 언급했던 버스 요금 지급 관련 문제 역시 지폐만 있기 때문에 발생했다고 볼 수 있다. 미얀마의 버스 요금은 대부분 200짯이다. 앞서 언급한 대로 200짯 지폐가 있기 때문에 지급하는 것이 쉬울 수 있다. 하지만 500짯이나 1,000짯 등으로 내려고 하면 거스름돈을 받아야 하는데 그것이 사실 쉽지가 않다.

동전을 사용했더라면 거슬러주는 것도 쉽게 할 수 있지만, 지폐만 사용하다 보니 양곤 시내버스에는 투입구는 있어도 반환구가 없는 요금함을 사용하고 있기 때문이다. 거스름돈을 받지 않고 그냥 500짯 1,000짯에 탑승하는 것은 두 배 이상의 금액을 지급하는 것이기 때문에 미얀마인들에게는 상당히 부담스럽다. 그래서 대안으로 다음 사람들이 탑승할 때 내야 할 돈을 대신 수거해서 받는 형태로 거스름돈을 대신하고 있다.

이는 버스요금을 지급하러 올라오는 승객들도 불편하고, 모르는 사람에게 돈을 받아야 하는 사람도 불편해지기 마련이다. 또

200짱이라는 지폐가 존재하는 특수성 때문에 500짱을 낸 사람은 100짱을 두 장 내는 사람이 없다면 300짱에 버스를 탈 수밖에 없는 상황이 생긴다. 우리나라 같으면 100원이 큰돈이 아니라 생각될 수도 있지만, 미얀마의 물가를 따져보면 100짱은 상당한 돈이다. 당장 버스비만 봐도 50%에 해당하는 액수기 때문이다.

그리고 동전이 없으므로 지폐가 많아질 수밖에 없다. 그렇다 보니 모든 지폐를 지갑에 넣고 다니는 것은 지갑의 부피만 키우는 일이 될 수도 있다. 그리고 론지라는, 주머니가 없는 옷을 입고 다니는 미얀마인의 의복 구조상 돈을 관리하기가 더 쉽지가 않아 보인다.

이런 영향인지 미얀마인들은 지폐를 잘 접어서 넣는 것이 아니라, 막 구겨서 비닐이나 다른 어딘가에 넣었다가 사용할 때도 그것을 빼서 화폐단위를 보고 금액에 맞춰 지급하는 것을 자주 볼 수 있다. 다른 나라의 지폐를 보면 대부분 가운데 부분이 접혀있는 경우가 많다. 지폐를 지갑에 넣다 보면 생기는 자연스러운 현상으로, 대부분 지폐를 지갑에 넣고 다니는 것을 추측해 볼 수 있다. 물론, 다른 부분도 접히기는 하지만, 대부분 위아래의 세로 방향으로 접힌 경우가 많다.

그러나 미얀마 화폐를 자세히 살펴보면 접혀있는 방향이 제각각이다. 그리고 지폐가 다른 나라에서는 보기 힘들 정도로 오염된 것도 많은데, 이렇게 오염이 된 원인 중 하나는 바로 지갑에 넣지 않고 비닐이나 어딘가에 구겨 넣었기 때문에 발생한 것이 아닌가 싶다.

특히, 거래 대부분이 현금으로 이루어지고 있는 미얀마에서는 지폐의 순환이 우리나라보다 훨씬 빠르기 때문에 그만큼 사람의 손을 금방 타게 된다. 그런 상황에서 여러 번 구겨지다 보면 아무리 잘 만든 지폐라도 금방 너덜너덜해지는 것은 어쩌면 당연한 결과가 아닌가 싶다.

화폐는 그 나라의 얼굴과 같은 것인데 미얀마 화폐를 보면 얼굴 관리에 좀 더 신경 써야 하지 않을까 싶다. 다행히 최근에는 고액권을 중심으로 새 화폐를 계속 찍어서 유통하는 것으로 보이지만, 사용하는 사람이 깨끗이 사용하지 않는다면 아무리 새 지폐라 하더라도 금방 오염이 될 것이다.

그림 9. 2. 구겨진 미얀마 지폐

② 정확한 계산이 어려운 미얀마 화폐

여기서 눈여겨볼 것은 가장 적은 단위도 50짯이라는 것이다. 세계 공통화로 사용되는 달러는 물론이고, 유로, 엔 등 대부분 화폐의 최소 단위는 1로 시작한다. 우리 화폐인 '원'의 경우 1이 아닌 10으로 시작되는 예외가 있지만, 어찌 되었건 간에 시작하는 숫자는 1이다.

1로 시작하는 것이 중요한 것은 계산의 편리함 때문이다. 모든 계산이 50이나 100으로 끝날 수 없기 때문에 50으로 시작하는 미얀마 화폐단위가 처음에는 아주 의아했다. 물건을 사다 보면 거스름돈이 발생하는데, 이것과 관련해서 미얀마에서는 제법 논란의 소지가 있다.

아직까지 시장에서는 재래식 방법을 그대로 사용해서 화폐단위에 맞춰 가격이 산정되기 때문에 큰 문제가 발생하지 않는다. 그러나 전산화가 되어 있고, 무게당 가격을 산정하는 곳도 있는 중대형 슈퍼마켓의 경우 50짯의 경계에서 거스름돈이 변하는 것을 알 수 있다. 대부분의 상점에서는 25짯을 기준으로 반올림을 하는데, 외국인이 운영하는 곳은 대부분 올림을 해서 받는다. 물론, 50짯이 우리나라 기준으로 봤을 때는 50원에 불과해서 거의 표시도 나지 않지만, 물가나 소득 수준을 봤을 때 50짯은 미얀마인이 느끼기에 우리나라의 500원에 가까운 돈의 가치다.

영수증에 표시된 내용 또한 실제 거래된 내용과 차이가 있는 것을 확인할 수 있다. 그 사례를 세 장의 영수증과 함께 언급해보려고 한다.

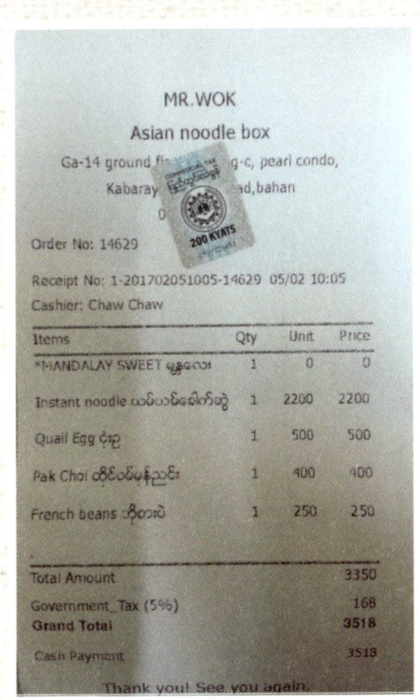

🍃 그림 9. 3. 실제 거래와 다른 영수증(1)

🍃 그림 9. 4. 실제 거래와 다른 영수증(2)

🍃 그림 9. 5. 실제 거래와 다른 영수증(3)

먼저 25짯의 경계에 걸린 영수증이다. 75짯 역시 50짯을 빼면 25짯이기 때문에 여기에 해당한다. 경계에 있다 보니 지불하는 입장과 받는 입장의 미묘한 차이가 느껴지는 영수증이다.

대부분 이런 경우 반올림에 따라 50짯을 더 지불하는 것이 통상적이지만, 까탈스러운 손님의 경우 25짯을 버림해서 나머지만 지급하는 경우도 있다. 물론, 그렇게 낸다고 해서 점원이 돈을 더 내라고 하는 경우는 거의 없다. 단, 호텔의 경우 10짯만 넘어가도 무조건 올림으로 50짯을 다 받는데, 상당히 아깝게 느껴지는 것도 50짯이 최소 단위이기 때문에 발생한 감정이다.

그림 9. 4. 영수증의 경우 실제로 지급할 수 있는 범위를 초과한 단위가 등장하는데, 소비세 5%가 만들어낸 168짯이 그것이다. 1단위가 있다면 정확하게 계산이 되지만, 50단위가 최소인 미얀마 화폐에서는 168짯 중 18짯에 대한 금액 지불이 불가능하다. 이 경우에는 대부분 150짯을 지불하지만, 영수증 표기에는 168짯 전액 지급으로 나온다.

하나하나 볼 때는 적은 액수라 큰 문제는 되지 않을 것이다. 하지만 실제로 받은 금액과 영수증에 적힌 금액이 다르면 나중에 정산할 때 과연 제대로 정산이 이루어질지 의문이다.

그림 9. 5. 영수증은 고속도로 통행비 관련 영수증이다. 좌측 그림을 보면 총액이 164짯으로 되어 있는데, 실제로 이 금액을 지급할 수는 없다. 그런데 200짯을 지급해도 거스름돈 없이 그냥 영수증만 주는 것이었다. 아마 150짯을 지급하더라도 분명 통과

가 가능할 것으로 생각되는데, 같은 곳을 지나가더라도 통행 요금이 달라질 수 있다는 것을 보여주는 영수증이다.

그런데 누가 200짯을 지급하고 누가 150짯을 지급하는지 기록을 하지 않고 있어서 결산할 때 분명히 평균 지급금액이 다르게 나올 것이다. 하지만 그것과 관련해서 차액에 대한 처리방법이 있는지 궁금해진다.

한편, 그림 9. 5.의 우측 그림은 491짯으로, 거의 모든 차량이 500짯을 지급할 것으로 보인다. 그런데도 통행료 지급금액에는 491짯으로 나와 있다. 9짯은 어디로 사라진 것일까?

사실 여기서 의문이 드는 것은 바로 통행료다. 어차피 화폐단위가 50짯이 최소 단위라면 굳이 164나 491로 구분할 필요가 있었을까? 그냥 150이나 500으로 하더라도 그 수익은 똑같을 것인데 말이다. 어떤 이유에서 이렇게 요금이 산정되었는지는 모르겠지만, 쉽게 이해하기에는 어려운 부분이 너무 많다. 그런데 통행료를 내는 데 있어서 그 누구도 의문을 품지 않는 것 같아서 그것 또한 의아하게 받아들여졌다. 원래 미얀마에서는 계산이 정확하게 이루어지지 않는 것이 아닌가 싶은 생각까지 들었다.

③ 100달러와 나머지 달러의 화폐 가치가 다른 미얀마

우리나라에서 100원이 10개면 1,000원의 가치가 있다. 어느 나라나 당연한 사실이겠지만, 화폐 가치는 액면에 적힌 금액을 그대로 따라간다. 그런 측면에서 100달러와 10달러 10장은 동일한 화폐 가치를 지녀야 맞다. 사실 미국에서 달러를 사용할 때는 10달러 10장이면 100달러 가치를 한다.

하지만 100달러의 가치가 10달러 10장보다 더 높은 나라가 바로 미얀마다. 미얀마에서는 100달러 1장을 환전할 때와 같은 가치인 10달러 10장으로 환전할 때 받을 수 있는 짯의 금액이 차이가 나는 신기한 경험을 할 수 있을 것이다.

실제로 환전소를 가면 우리나라에서는 볼 수 없는 장면들을 마주하게 된다. 통상적으로 우리나라의 은행에서 환전할 때 '달러당 얼마' 이런 식으로만 나와 있지, '100달러 지폐는 얼마, 50달러 지폐는 얼마' 이런 식의 모습은 찾아보기 어렵다. 우리나라에서는 1달러 100장이나 100달러 1장이나 가치가 같기 때문에 굳이 화폐당 얼마라고 구분 지을 이유가 없는 것이다.

그런데 미얀마의 환전소를 가면 그림 9. 6.과 같이 달러를 비롯해서 다른 화폐의 지폐별로 환율이 다른 것을 확인할 수 있다. 대체로 지폐 단위가 클수록 그 가치도 높아지는 것을 알 수 있다. 즉, 미얀마에 올 경우 100달러짜리 지폐로 환전해야 환차손이 적다는 뜻이기도 하다.

한편, 사설 환전소에서도 이와 비슷하게 표시해놓은 것을 볼 수 있는데, 변하지 않는 것은 100달러 1장의 가치가 1달러 100장의 가치보다 더 크다는 것이다. 나아가 사설 환전소는 1달러의 가치가 상당히 낮아서 만약 적은 단위의 화폐를 미얀마에서 환전해야 한다면 은행에서 환전하는 것이 더 효율적이다.

사설 환전소의 환율 기준은 100달러에 맞춰져 있다. 그리고 그보다 낮은 단위의 달러는 일정액만큼 환율이 깎인다는 것도 확인할 수 있다. 어떠한 경우에도 100달러보다 환율이 높을 수 없음을 절대적 기준에서 산정해 놓음으로써 달러의 본국인 미국에서도 볼 수 없는 가치 차이를 두고 있다. 특히, 1달러는 거의 200짯 이상의 환 손실이 있을 정도로, 돈으로서 가치를 인정받지 못하는 것도 눈여겨볼 점이다.

실제로 100달러와 10달러를 환전해본 결과 영수증도 구분해서 주는 곳도 있었다. 당연히 환율 또한 달랐다. 그림 9. 8.이 그 영수증의 결과를 보여준다.

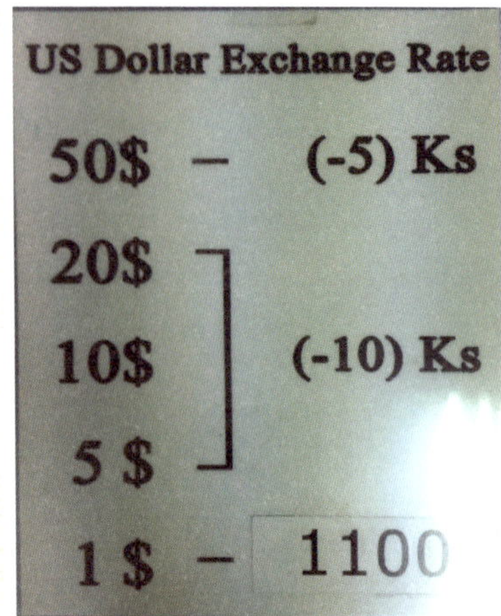

그림 9. 7. 미얀마 사설 환전소의 환율표

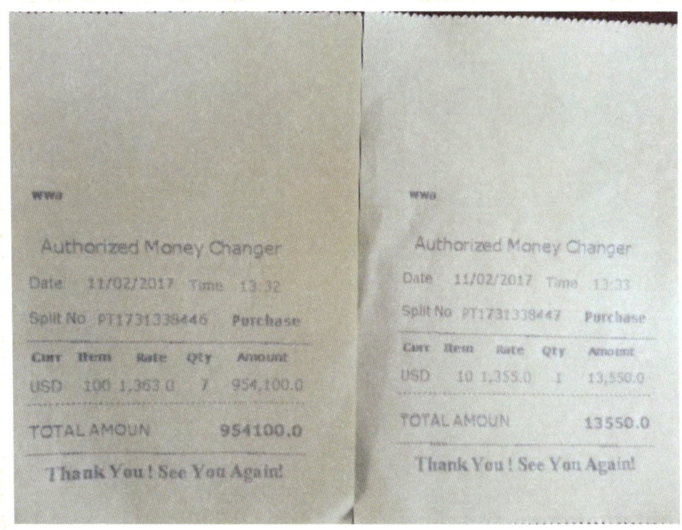

그림 9. 8. 환율이 다른 환전영수증

④ 미얀마인데 영어 일색인 영수증

미얀마는 3장에서 언급했던 대로 고유문자를 가지고 있는 나라다. 그런데 물건을 사고 받는 영수증을 본다면 의아할 수밖에 없다. 처음에는 외국인에게는 별도로 영어로 된 영수증을 주는 것으로 착각을 하였지만, 그것은 진짜 착각이었다. 제목 그대로 미얀마에서 발행하는 영수증에는 미얀마어가 아닌 영어만으로 표기되어 있다.

미얀마에서 운영하는 외국 프랜차이즈 식당에서만 영어로 표기된 영수증을 발행하는 것은 아니다. 현지 식당을 비롯한 현지 상점에서도 컴퓨터로 발행하는 영수증은 거의 예외 없이 영어로 발행된다.

영수증을 자세히 들여다보면 우리나라에서는 볼 수 없던 스티커가 영수증에 붙어있는 것을 볼 수 있는데, 이 스티커의 의미는 그림 9. 10.의 내용과 같다. 우리나라에서는 물건이나 식대를 계산할 때 이미 부가세가 그 안에 포함되어있는 경우가 대부분이다. 우리나라에서 발행하는 영수증을 자세히 보면 총액 윗부분에 과세 물품 가액(총액의 100/110)과 부가세(총액의 10/110)를 별도로 표기해놓은 것을 확인할 수 있다.

하지만 미얀마에서는 미국과 마찬가지로 계산 시에 소비세가 총액에 가산되는 구조다. 그래서 처음에 계산했던 금액보다 지급할 금액이 더 높아지는 것이다. 이 스티커는 그 늘어난 소비세를 환급받을 때 활용할 수 있도록 만든 스티커였다.

🍂 그림 9. 9. 영어로 표기된
미얀마 영수증

🍂 그림 9. 11. 소비세 스티커의 종류

🍂 그림 9. 10. 영수증에 붙은
스티커의 의미

소비세의 환급을 위해 붙여주는 이 스티커는 지금까지 확인한 것만 6종류가 있는데, 10,000짯을 제외하고 미얀마 화폐와 같은 액면가의 스티커였다. 어쩌면 10,000짯 스티커도 있을 수 있지만, 아직까지 필자가 확인하지 못했기 때문에 존재에 대해서는 정확하게 6종류가 있다고 단정 짓기는 어렵다.

이 스티커도 자세히 보면 'commercial tax'라고 적힌 영어 문구

아래에 있는 미얀마어 외에는 화폐단위인 '짯'까지도 영어로 표기한 것을 확인할 수 있다.

특이하게 느껴지는 것은 수기로 표기하는 영수증에서도 이 스티커를 붙여준다는 점이다. 일반적으로 우리나라에서는 수기로 작성하는 영수증은 간이 영수증으로 세금 환급이나 공식적으로 영수증 처리하기에는 애로사항이 있는 경우가 많다.

영어 일색인 영수증 중에서 유일하게 이 수기 영수증에서 미얀마어로 된 글씨를 접할 수 있다. 물론, 작성란 외에는 'Cash memo'라는 로마자 표기가 있지만, 이 영수증을 받아야 미얀마에 있다는 것을 비로소 실감할 수 있으니, 이 또한 기념품이 될 수 있는 자료다.

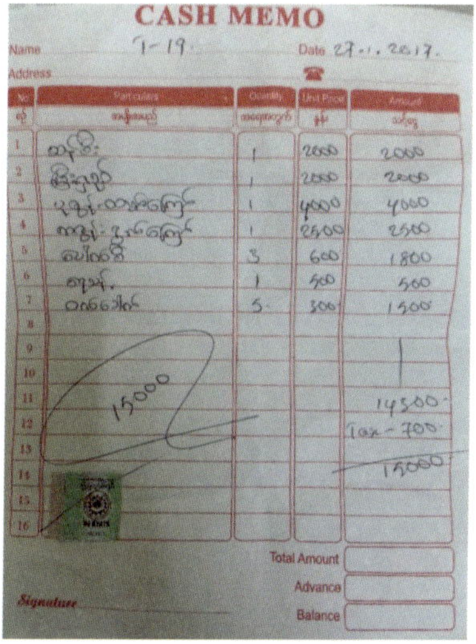

그림 9. 12. 수기로 작성한 영수증

⑤ 특이한 화폐단위가 있었던 과거 화폐

미얀마의 화폐는 지금과 예전의 모습이 매우 다르다. 현재 통용되는 화폐에는 동전이 없지만, 미얀마에도 예전에는 동전을 사용했던 흔적을 찾을 수 있다. 우리나라도 지금은 꽤 시간이 지났지만, 지폐를 새로운 크기와 디자인으로 바꾼 적이 있었다. 그 당시 화폐의 액면가를 조절해야 한다는 이야기도 많이 들렸지만, 결국 이전과 같은 화폐단위를 그대로 사용하고 크기와 디자인만 바꾸는 선에서 끝났다.

과거 미얀마 화폐를 보면 동전이 있었다는 것 외에 눈에 띄는 것이 있었는데 바로 화폐단위였다. 통상 1, 5, 10 정도의 단위가 주를 이루면서 나라에 따라 2, 20단위의 화폐가 있는 것이 주를 이룬다. 그런데 미얀마 과거 화폐를 보면 과연 이 화폐로 어떻게 계산을 했는지 궁금증이 먼저 든다.

그림 9. 13. 미얀마의 옛날 동전

그림 9. 14. 15짯 짜리 지폐

그림 9. 15. 25짯 짜리 지폐

그림 9. 16. 35짯 짜리 지폐

그림 9. 17. 45짯 짜리 지폐

그림 9. 18. 75짯 짜리 지폐

그림 9. 19. 90짯 짜리 지폐

그 화폐들을 모아보았다. 우리나라뿐만 아니라 전 세계를 돌아보더라도 생소할 수밖에 없는 단위의 지폐들이 가득하다. 그리고 과연 저 돈들로 계산이 원활하게 이루어졌는지도 궁금해졌다. 물론, 현재 미얀마에서는 일반적인 1, 5, 10단위의 화폐를 사용하고 있다. 아마도 저 돈들도 사용하기 불편했기 때문에 사라지지 않았나 추측해본다.

이 지폐를 사용하던 시기에도 동전을 사용하지 않았는지 지폐의 종류가 꽤 많은 것을 알 수 있다. 지갑에 돈을 넣고 다니기가 쉽지는 않을 것 같았다. 아니, 어쩌면 많은 지폐 종류가 미얀마인이 지갑을 사용하지 않게 만든 것은 아니었을까? 많은 상상을 하게 해준 또 화폐단위와 관련해서 가져왔던 편견을 깨준 6종의 미얀마 구화폐였다.

물론 저 6종의 지폐 외에도 1짯, 5짯 등 우리가 통상 사용하는 화폐단위도 존재했었다. 어떤 이유에서 50짯 이하의 지폐가 더 이상 사용하지 않는지는 의문이지만, 그것도 다 그럴 만한 이유가 있지 않았을까?

10

끝맺으면서

잡힐 듯 잡히지 않는 미얀마의 발전 가능성

🌲 사실 1970~1980년대 대한민국에서 살아왔던 사람들 못지않게 하루하루가 엄청난 변화의 연속을 겪고 있는 나라의 국민이 바로 미얀마 사람들이다. 그러나 그들도 자신들에게서 일어나고 있는 변화를 잘 느끼지 못하는 것 같다. 마치 맞지 않는 옷을 입고 있는 듯한 불편함이 미얀마인들의 행동에 고스란히 남아있어 보였다.

이 모습을 보면서 하루가 다르게 바뀌어 왔던 우리나라의 옛 모습을 떠올려보았다. 과연 1970년대 우리나라 사회도 한 치 앞을 내다볼 수 없이 지나쳐왔을까? 그리고 너무 빠른 변화에서 오는 부작용을 당시에는 어떻게 느껴왔을까? 항상 궁금했던 그런 느낌을 미얀마에서 겪고 있다는 것이 너무 신기할 따름이다.

우리나라의 발전을 봐서인지 아직 큰 틀에서는 변화가 보이지 않는 미얀마에 많은 기대를 하고 있는 나라들이 많다. 아시아의 마지막 미개발지로 주목받는 이유도 같은 연장선상이라고 할 수 있다. 그만큼 발전 가능성이 있는 나라가 미얀마다.

중요한 사실은 10, 20여 년 전에도 이런 기대를 가져왔었다는 점이다. 즉, 기대했던 만큼 성장하지 못하고 있는 나라가 미얀마다. 소위 말해서 유망주라는 꼬리표를 여전히 달고 있는 셈이다. 언젠가는 잠재력이 터질 것이 분명한데, 언제까지 기다려 주어야 빛을 발휘할지 그 누구도 알 수 없다는 것이 여전히 미얀마에 대한 기대감을 저버리지 못하는 것이 아니었을까?

최근에도 미얀마는 다양한 분야에 걸쳐서 변화의 모습을 보이고는 있다. 그런데 우리나라와 비교해볼 때 분명 차이는 있다. 먼저 급격히 늘어난 차량을 소화할 만한 도로가 여전히 제자리걸음이다. 특히, 양곤 시내의 경우 차량이 한산해야 할 대낮에도 곳곳에서 심각한 정체를 유발하는데, 이는 5장에서 언급했던 내용도 한 몫하지만 도로의 절대 용량이 부족한 것이 근본적인 원인이다.

우리나라의 경우 지금도 그렇지만, 어디를 가더라도 도로만큼은 정말 시원하게 잘 뚫려있다. '저런 곳에 왜 도로가 있지?'라는 의문이 들 정도로 사통팔달 구석구석 도로가 발달해 있다. 그리고 정비도 잘 되어있어서 사고의 위험성도 그만큼 줄어들었다.

미얀마 역시 넓은 땅을 잘 활용하기 위해서는 반드시 도로의 개발이 우선되어야 할 것으로 보인다. 그것이 되면 다른 분야에서도 이제까지 겪지 못했던 대단한 변화가 생기지 않을까 조심스럽게 예측해본다.

 양곤은 지금도 하루가 멀다하고 다양한 규모의 아파트 단지가 대나무 죽순과 같이 쑥쑥 올라가고 있다. 우후죽순이라는 말이 지금 양곤을 표현하기에 가장 적절한 것 같을 정도다. 거기에 맞춰서 많은 사람이 양곤으로 유입되고 있다. 그러면서 현대식 복합 쇼핑몰도 하나둘 생기기 시작했고, 대중교통도 버스를 중심으로 많은 개선이 이루어져 왔다.

 이제 쇼핑몰이나 식당을 가면 손으로 메모를 해가면서 메뉴를 주문받는 점원보다 태블릿 피시를 이용해서 전산으로 일을 처리해나가는 모습은 마치 우리나라에 있는 느낌이 들 때도 있다. 아직은 변화 중인지라 많은 것들이 미숙하고 어색하지만, 전혀 사용하지 않던 것들을 생활 속에 녹여가고 있다는 점은 분명 미얀마도 발전을 향한 움직임이 시작되었다고 볼 수 있다.

 하지만 여전히 위생에 대한 둔감함과 양보가 없는 도로의 모습은 발전을 저해하는 요인이 되고 있다. 가장 큰 문제는 바로 미얀마식 담배인 '꾼'이라는 식품, 특히 운전하는 사람들이 이 '꾼'을 열심히 씹는데, 거기까지는 껌을 씹는 것이나 다른 바가 없다. 그런데 이 '꾼'을 씹고 난 이후 처리하는 과정이 왜 큰 문제인가를 보여주고 있다.

 미얀마의 길거리가 더러운 이유는 바로 길거리에 아무 곳이나 뱉어버리는 이런 '꾼'이 절대적인 영향을 행사한다. 당연히 담배 꽁초도 무분별하게 버리고, 꾼이나 담배로 인한 가래침을 길가에 아무런 망설임 없이 뱉어버린다는 것도 문제다. 최근 미얀마의 도로는 흰색 바탕의 시멘트 도로가 주를 이루는데, 꾼을 씹고 뱉은 가래침은 붉은색이어서 길이 마치 핏물로 물든 것 같이 보기에 역겨운 모습이 큰길에서 펼쳐진다.

한편, 버스 간의 경쟁과 택시 간의 경쟁도 마치 터지기 일보 직전의 폭탄과 같이 위험한 존재들이다. 불과 30여 년 전 우리나라도 버스들이 승객들을 한 명이라도 더 태우기 위해 위험한 곡예운전을 해왔다는 사실을 아는 사람들이 많지는 않을 것이다. 왜냐하면, 지금 우리나라의 버스는 그 어느 나라와 비교해서도 뒤지지 않을 정도로 안전하고 친절한 버스가 되었기 때문이다.

그것이 가능하게 된 것은 2004년에 있었던 서울시 버스 준공영제가 아니었을까? 무분별한 경쟁을 시에서 간섭하기 시작하면서 자연스럽게 버스의 질이 향상된 결과를 가져왔고 우리는 그것을 당연하다는 듯 이용하고 있기 때문이다.

우리가 그런 경험을 해서인지 양곤에서도 작지만 큰 변화를 느낄 수 있다. 아직 준공영제가 아니어서 버스 간 경쟁은 어쩔 도리가 없지만, 정류장이 아닌 곳에서도 무분별하게 승하차가 이루어지던 예전의 모습에서 불과 1년도 되지 않은 기간 동안 이제 정류장에서 버스를 기다리고 내리는 모습이 익숙해진 모양이 되었다.

과연 미얀마 사람들도 이토록 짧은 시간 내에 승하차에 대한 인식 변화가 이루어지리라 생각이나 했을까? 우리나라에서 겪었던 경험이나 미얀마에서의 경험이나 모두 인지하지 못한 채로 변화

에 적응했고, 또 그것이 당연한 듯 지낸다는 점에서 사람의 적응
력이 얼마나 놀라운 것인가를 다시금 느낄 수 있었다.

어쩌면 지금 미얀마는 가장 큰 변화를 겪고 있는 시기인지도 모
른다. 그저 우리가 인지하지 못하고 있을 뿐 분명 변화는 있어왔
기 때문이다. 그 변화는 후세가 판단해 줄 것이다. 마치 젊은 세
대가 우리나라의 1960~1970년대를 급변한 시기라고 인지하고
있는 것과 마찬가지로 말이다.

언제 어디로 튈지 모를 미얀마, 그런 소용돌이 속에서 살아본다
는 것은 어쩌면 큰 행운일지도 모르겠다. 태풍이 지나간 자리는
그 어떤 시기보다 평온하듯 지금 미얀마에 불어닥친 변화의 태풍
이 지나가면 분명 예측 가능한 시기가 찾아올 것이다. 분명 전보
다는 더 발전된 모습과 함께. 그리고 이런 희망과 기대는 전 세계
가 아직도 미얀마에 대한 높은 관심으로 이어지는 것이 아니었을
까? 그 누구도 알 수 없기 때문에 더더욱 흥미로운 나라가 바로
미얀마다.

Myanmar